LES

SIGNAUX ÉLECTRIQUES

PETITE BIBLIOTHÈQUE D'ÉLECTRICITÉ PRATIQUE

Par H. DE GRAFFIGNY

LES SIGNAUX ÉLECTRIQUES

HISTORIQUE DE L'ART DES SIGNAUX
LES SIGNAUX ÉLECTRIQUES SONORES — LES APPAREILS D'APPEL
INSTALLATION DES RÉSEAUX DE SONNERIES ET TABLEAUX INDICATEURS
LES AVERTISSEURS ET LES ENREGISTREURS
L'HORLOGERIE ÉLECTRIQUE
LES SIGNAUX SUR LES CHEMINS DE FER
LES SIGNAUX DE MARINE ET DE GUERRE

121 figures explicatives

PARIS
LIBRAIRIE DES PUBLICATIONS POPULAIRES
16, RUE DES FOSSÉS-SAINT-JACQUES, 16

MAYENNE, IMPRIMERIE CH. COLIN

LES SIGNAUX ÉLECTRIQUES

CHAPITRE PREMIER

HISTORIQUE DE L'ART DES SIGNAUX

L'art de correspondre au loin, à l'aide de signaux conventionnels, est certainement aussi vieux que le monde, et ses débuts remontent presque aux premiers temps de la civilisation. Dès l'époque où les premiers groupements humains se furent constitués, le besoin ne tarda pas à se faire sentir de communiquer à distance et de transmettre des avis urgents aux individus d'une même tribu, momentanément éloignés du centre des agglomérations. Tout d'abord les moyens imaginés pour répondre à cette nécessité furent des plus rudimentaires ; pendant une longue suite de siècles, ces avertissements consistèrent simplement en cris de signification particulière, répétés de proche en proche, ou en bûchers élevant leurs flammes sur le sommet des monts, pendant l'obscurité de la nuit et avertissant de loin les amis ou alliés, d'un danger ou de tout autre événement.

Mais, on le conçoit, on ne pouvait, par ces procédés primitifs, qu'annoncer la consommation d'un fait attendu, autrement le signal n'aurait pas été compris de ceux à qui il s'adressait. Il était nécessaire de combiner autre chose pour transmettre des communications relatives à des sujets variés, et la plus ancienne tentative faite dans cet ordre d'idées que mentionne l'histoire, remonte à cent trente-cinq ans avant notre ère, c'est-à-dire à plus de deux mille ans. C'est un géomètre grec, Polybe, qui paraît avoir eu la première idée d'un agencement permettant de correspondre à distance, montrant à un guetteur éloigné des signaux lumineux, dont les dispositions diverses signifieraient chacune une lettre particulière. Ces signaux étaient tout simplement des flambeaux que l'on faisait apparaître en nombre variable au-dessus d'une muraille. Le guetteur apercevant ces lumières, répétait exactement leur disposition au-dessus du mur qui le masquait, il en était de même pour le veilleur suivant, et, ainsi de suite, de poste en poste, le signal était transmis jusqu'au point d'arrivée.

C'était là un embryon de télégraphie optique, limité par la portée de la vue et par la lenteur de la transmission ; cependant si le moyen était barbare, le principe était fécond, car c'est à le perfectionner que les chercheurs se sont évertués pendant une longue suite de siècles.

Le moyen âge ne se soucia aucunement de l'amélioration des procédés d'intercommunication, et, durant une longue période, l'histoire n'est qu'une suite d'horreurs, de guerres, de fléaux dévastateurs, de misères de toute espèce. Les hommes ne songent qu'à s'entr'égorger les uns les autres, les rois et les seigneurs à piller leurs voisins et rançonner leurs serfs, et, quant aux savants de l'époque, ils dépensent leur génie, consacrent leurs veilles à la recherche de la pierre des philosophes, ce merveilleux secret devant permettre de transmuter les métaux les uns dans les autres, et transformer en or pur le plomb ou tout autre métal de faible valeur. Il faut donc arriver au XVIIe siècle pour retrouver une suite à l'idée de Polybe.

C'est donc le physicien français Amontons qui imagina, en 1690, le premier système de télégraphe aérien, dans lequel la position donnée aux bras articulés d'une vergue mobile disposée à l'extrémité d'un mât élevé, indiquait une lettre d'un alphabet conventionnel. En agençant une suite d'appareils semblables de distance en distance, aussi éloignés l'un de l'autre que pouvait le permettre la vue, chaque signal était successivement répété par chacun des postes échelonnés dans une certaine direction, et, en fin de compte, une dépêche composée d'un nombre quelconque de signaux distincts, pouvait être expédiée et transmise avec assez de rapidité jusqu'à une grande distance de son point d'émission.

Toutefois le physicien Amontons ne parvint pas à faire adopter ses idées par ses contemporains, et l'honneur de faire entrer ce progrès dans l'ordre des réalisations pratiques était réservé à un autre savant, Claude Chappe, qui compléta et perfectionna grâce à sa propre ingéniosité et à son travail, les projets de ses devanciers. En 1794, la première ligne de communications « télégraphiques » de ce genre, fut organisée entre Paris et Lille, et l'efficacité ainsi que la promptitude de ce système furent bientôt démontrées, aussi, le télégraphe aérien fut-il considéré comme un merveille et utilisé partout, bien que son fonctionnement normal dépendît en grande partie de la transparence de l'atmosphère, la transmission se trouvant fréquemment interrompue, pendant l'hiver, par les brumes et le brouillard. Et jusque vers la moitié du XIX° siècle, le système Chappe resta en vigueur; il ne fut détrôné que par le télégraphe électrique devenu d'usage pratique.

Le premier essai d'application du courant électrique à la reproduction de signaux paraît avoir été exécuté en 1811 par le physicien Semmering, qui le décrivit dans un mémoire présenté à cette époque à l'Académie de Munich. Le procédé reposait sur le phénomène de la décomposition de l'eau par le passage du courant. Il y avait trente-cinq tubes, représentant chacun une lettre ou un signal; lorsque, à la station de départ, on envoyait le courant dans l'un ou l'autre de ces tubes, le gaz qui se dégageait par bulles devait indiquer la lettre transmise. Ce dispositif paraît enfantin, mais il faut se rappeler que l'on était alors tout à fait au début, et que c'est à peine si l'on commençait, à cette époque, à connaître ce qu'on appelait le *galvanisme*.

Dès que le savant danois Œrsted eût observé, en 1820, le fait fondamental de l'action des aimants sur les courants, et qu'Ampère eût formulé les lois de l'électromagnétisme, des recherches furent entreprises dans différents pays, notamment par Ritchie et Alexander en Angleterre et le baron Schilling en Russie, à l'aide du *multiplicateur* ou galvanomètre, qui venait d'être inventé par Schweiger. Mais ce n'est qu'en 1837 que le télégraphe électrique commença à sortir du domaine de la théorie, grâce aux travaux de Wheatstone, Steinheil, et surtout du professeur américain Morse, qui combina l'agencement rendant ce procédé de communication à distance d'un emploi facile et économique.

Le premier appareillage de télégraphie électrique, ai-je dit dans l'ouvrage le *Manuel Pratique* du *Télégraphiste*, se composait de trois parties distinctes : 1° une source d'électricité composée de quelques éléments de pile au sulfate de cuivre ; un transmetteur, formé d'un levier interrupteur permettant de faire passer à volonté et pendant une durée plus ou moins longue, le courant dans les fils conducteurs reliant ce transmetteur au récepteur, qui était un galvanomètre ou un électro-aimant agissant sur une armature. Au fur et à mesure, cet appareillage se perfectionna dans ses détails et se compléta, grâce aux recherches des inventeurs sur ce sujet. En premier lieu, on supprima l'un des deux conducteurs métalliques constituant le circuit télégraphique, la terre ayant été reconnue comme capable de jouer le rôle de fil de retour du courant, puis on combina les appareils d'appel ou de sécurité, et des dispositifs variés pour augmenter la vitesse de transmission et le rendement de la ligne télégraphique.

Parmi les différents systèmes utilisés alors, il faut citer le *télégraphe à aiguille*, de Breguet, encore utilisé de nos jours pour le service intérieur de certaines gares de chemins de fer, et le transmetteur ou manipulateur Morse, resté en usage, en raison de la commodité fournie pour la lecture des messages, dans lesquels chaque lettre est remplacée par une combinaison de traits et de points imprimés sur une étroite bande de papier, qu'un mouvement d'horlogerie oblige à se dérouler et à passer sous la molette à encrage automatique chargée de l'impression des signaux.

Cependant on estimait encore trop lent le travail de l'appareil Morse, même fonctionnant en duplex, et de nombreux chercheurs s'ingénièrent à l'améliorer. Le physicien anglais Wheatstone imagina le *jacquart télégraphique* : les dépêches étaient préparées à part sur un papier perforé spécial, pendant que le fil travaillait à l'expédition d'autres dépêches; de cette façon la transmission était beaucoup plus rapide qu'avec la manipulation à la main ; les méthodes de groupement des bureaux télégraphiques en *duplex* ou en *quadruplex*, c'est-à-dire l'agencement par lequel deux ou quatre employés, placés à chaque bout de la ligne, peuvent communiquer simultanément ensemble dans les deux sens, entraient en vigueur, mais tout cela demeurait encore insuffisant, devant les exigences sans cesse grandissantes du public.

C'est pour répondre à ces besoins pressants de communications rapides qu'ont été imaginés les appareils multiples dont le type le plus connu est le télégraphe Baudot, employé sur les grands réseaux français, et les divers systèmes à grand travail parmi lesquels on doit citer le *multiplex* de M. Mercadier, le Rowland, le Pollak et Virag, le photo-télégraphe Siemens et Halske, etc.

Mais bientôt on ne se contenta plus de correspondre à des centaines de kilomètres de distance par le moyen d'un simple fil de fer tendu sur des poteaux; on voulut relier, non plus seulement les grandes capitales les unes aux autres de cette façon, mais même les continents les plus éloignés, malgré l'immensité et la profondeur de l'Océan. A force de ténacité et de persévérance, les innombrables difficultés du problème furent surmontées l'une après l'autre, des câbles recouverts d'un isolant parfait furent immergés au fond des vallées sous-marines; des appareils d'une merveilleuse sensibilité combinés de façon à déceler, à des milliers de kilomètres de distance, les plus faibles variations du courant, et ainsi la télégraphie sous-marine fut fondée. Aujourd'hui, le globe terrestre est cerclé d'un réseau de câbles et de fils conducteurs qui s'entrecroisent et portent dans toutes les directions, avec la rapidité de l'éclair, la pensée humaine, qui vole invisible le long des fils de métal.

Cette conquête ne parut pas encore suffisante, cependant, au savant du XIXe siècle, et son ambition fut alors de supprimer le lien réunissant le bureau d'expédition des messages à la station de réception, située à une distance désormais quelconque. On était arrivé à supprimer un fil conducteur sur deux ; le second devait disparaître à son tour pour donner aux postes télégraphiques une complète indépendance, et ce progrès a été réalisé à son tour par l'application rationnelle de ce que l'on appelle les *ondes hertziennes*.

Ce dernier procédé d'intercommunication est basé sur un principe tout différent de celui de la propagation d'un courant le long du fil, à peu près comme de l'eau dans un tuyau, toutes proportions gardées du reste. Il consiste à imprimer un ébranlement passager au milieu vibratoire appelé *éther*, qui transmet aux molécules matérielles le mouvement qui lui est donné, et cet ébranlement est obtenu par le choc d'une onde électrique produite par un appareil d'induction. Un savant allemand, Henri Hertz, ayant démontré en 1887 que, dans certaines circonstances, l'énergie électrique se comportait comme la lumière et le son, en donnant naissance à des oscillations de longueur, d'amplitude et de fréquence mesurables, se propageant à grande distance, il suffisait de combiner un récepteur convenable et susceptible de déceler le passage invisible de l'ébranlement produit par le poste de départ.

Des substances existaient, qui étaient influençables par les ondes hertziennes, ainsi que l'avait observé le professeur français Branly, et ces substances étaient tout simplement les limailles métalliques qui, non conductrices de l'électricité à l'état de repos, devenaient subitement conductrices lorsqu'on faisait éclater dans les environs une étincelle de haute tension. Un inventeur italien, Marconi, devina le parti que l'on pouvait tirer de cette curieuse propriété des limailles métalliques, et il les utilisa pour constituer un récepteur des signaux constitués par des *trains d'ondes* hertziennes envoyés par un générateur capable de fournir des décharges oscillantes de très haute fréquence. A peu près en même temps que Marconi, d'autres savants tels que Popof en Russie, Lodge en Angleterre, Ducretet en France, firent connaître les premiers résultats obtenus dans ce même ordre d'idées. En peu d'années, de très grands progrès furent réalisés surtout au point de vue de la portée des transmissions. De quelques centaines de mètres au début, on parvint à atteindre d'abord un ou deux kilomètres, puis 5, 10, 20, 100 kilomètres, et en 1902, Marconi put recevoir des signaux à plus de 3.000 kilomètres du point d'émission des ondes.

Dans ce procédé de transmission, tout lien matériel entre les appareils est inutile, comme dans la télégraphie par signaux optiques. Au poste de départ, un mât élevé soutient une antenne, constituée par un fil conducteur isolé relié à l'une des réophores d'une puissante bobine d'induction. Chaque fois que l'expéditeur abaisse le levier de son manipulateur Morse et laisse parvenir le courant primaire à la bobine, une onde est produite et s'éloigne concentriquement à l'antenne avec une vitesse de trois cent mille kilomètres par seconde. Lorsque, sur son trajet, cette onde vient à rencontrer un tube à limaille ou *cohéreur*, elle oriente les grains métalliques de cette limaille de telle manière que celle-ci devient conductrice et laisse librement passer le courant d'une pile locale actionnant le récepteur Morse. En même temps que s'opère sur la bande de papier l'inscription du signal, un marteau léger, actionné par l'armature d'un électro-aimant, frappe un petit coup sur la paroi du tube de verre contenant la limaille, rompt l'orientation des parcelles métalliques, les *décohère*, suivant le terme consacré, et rend ce révélateur prêt à recevoir l'impression d'une nouvelle onde électrique. Ce système d'enregistrement a d'ailleurs reçu, dans la suite, de nombreux perfectionnements. M. Branly a fait connaître plusieurs dispositifs tout différents de *détecteurs d'ondes*, d'une délicatesse et d'une sensibilité extraordinaires.

Mais il ne suffisait pas encore à l'homme moderne d'être ainsi parvenu à transmettre sa pensée à toute distance avec l'instantanéité de l'éclair ; les signaux enregistrés par le télégraphe, à part ceux de quelques systèmes, tels que le Hughes ou le Baudot, ne sont compréhensibles que pour les initiés, aux personnes qui se sont astreintes à étudier tous les secrets du langage conventionnel que parle à une oreille exercée l'armature de l'électro-récepteur. On voulait que le premier venu pût correspondre avec une personne éloignée, sans l'intermédiaire obligatoire d'un employé chargé de déchiffrer les signaux transmis pour en donner la traduction en langage ordinaire. C'est alors que surgit cette invention merveilleuse, devenue banale aujourd'hui, et qui permet de transporter la parole même d'un interlocuteur à un autre, malgré la distance les séparant : le téléphone.

Le principe de l'appareil qui porte ce nom signifiant *je parle au loin*, a été découvert en 1877 et presque simultanément, par deux Américains : Graham Bell et Elisha Gray. Il est basé sur les phénomènes d'induction électrique : une rondelle de tôle est disposée devant les pôles d'un électro-aimant, et à une très petite distance. Les vibrations de cette rondelle, déterminées par les diverses inflexions de la voix, développent dans les spires de la bobine, des courants induits qui sont transmis à la bobine de l'appareil récepteur, laquelle influe à son tour sur la rondelle, qui reproduit toutes les vibrations de la première, par conséquent la voix même de la personne qui parle devant l'appareil transmetteur. Les deux téléphones, le parleur et l'écouteur sont donc exactement semblables l'un à l'autre, dans ce système, et il n'est besoin d'aucune source extérieure d'énergie pour la transmission de la voix.

Mais la portée du téléphone électromagnétique est très faible, ne dépasse pas quelques centaines de mètres au grand maximum, et force a bien été de le perfectionner pour lui permettre d'entrer dans les usages pratiques de la vie. On y est parvenu en recourant à un autre principe, déjà entrevu en 1856 par M. le comte du Moncel, et connu sous le nom de loi des variations d'intensité des courants traversant un contact imparfait. C'est Edison qui eut le premier l'idée de tirer parti de cette remarque, et presque en même temps que lui, le physicien anglais Hughes faisait connaître son *microtéléphone*, basé sur la même idée, consistant à intercaler dans le circuit d'une pile électrique un contact imparfait de dispositions variables, quoique le plus ordinairement formé de crayons ou de grenaille de charbon de cornue enfermés à l'intérieur d'une boîte devant une face de laquelle parlait la personne voulant correspondre.

Pour augmenter la portée, au lieu de se servir du seul courant de la pile, on a songé à accroître préalablement sa tension en lui faisant traverser préalablement les spires d'un petit transformateur ou bobine d'induction, si bien que, pour les communications à grande distance, chaque poste téléphonique est composé des organes suivants :

1° Une pile électrique de quelques éléments ;

2° Un transmetteur microphonique avec ou sans bobine, suivant la distance ;

3° Un appareil d'appel ;

4° Un récepteur, analogue à celui de Graham Bell, décrit un peu plus haut.

Nous n'avons pas besoin de rappeler, pensons-nous le développement immense et que l'on n'aurait osé prédire au début, pris par ce mode de transmission de la parole, qui n'exige pas, comme le télégraphe, la présence d'une tierce personne, pour se produire. Les réseaux téléphoniques ont reçu dans tous les pays du monde, une extension formidable et les distances d'intercommunication se sont considérablement accrues. Tous les centres de civilisation, jusqu'aux moindres agglomérations, possèdent maintenant leur réseau urbain de distribution de la parole, et sont même souvent réunis les uns aux autres par des lignes spéciales. Pour faciliter les correspondances entre les abonnés d'un même groupe, chacun d'eux est relié à un bureau central, où, par conséquent, aboutissent toutes les lignes. C'est à l'employé, en permanence à ce bureau que l'abonné qui désire correspondre demande la communication ; celui-ci est chargé d'opérer la connexion entre la ligne de l'abonné demandé et celle de l'abonné qui appelle, et de rompre cette connexion une fois la conversation terminée. Quand une grande ville possède plusieurs bureaux centraux, ces bureaux sont reliés les uns avec les autres d'une façon permanente, de telle façon qu'un abonné quelconque peut entrer en relation verbale avec un autre dépendant d'un autre bureau central.

De même que l'on s'est efforcé de simplifier les méthodes et l'outillage en matière de télégraphie, notamment par la suppression de tout lien matériel entre les postes en rapport, on a cherché à transporter la parole non plus sur un double fil ou un fil métallique, mais bien sur l'invisible et impondérable éther, qui transmet instantanément les ondes dont il est ébranlé, c'est-à-dire réaliser la téléphonie sans fil. Plusieurs procédés ont déjà reçu la sanction d'expériences nombreuses, et la plupart sont basés sur le phénomène de la variabilité du pouvoir conducteur que possède le métal appelé *sélénium* sous l'influence de la lumière. L'inventeur du téléphone, le professeur Bell, a fait connaître un appareil fondé sur cette curieuse propriété du sélénium, et appelé *photophone* ou *radiophone*, et depuis plusieurs années, un autre savant, M. Ruhmer, poursuit les mêmes recherches, une lampe à arc servant de transmetteur, et une batterie de piles au sélénium de récepteur. Avec cet agencement, on serait déjà parvenu à recevoir la parole à une douzaine de kilomètres de distance, sans aucun fil reliant les appareils.

Telle est l'histoire succincte des procédés de correspondance rapide imaginés depuis les débuts de la civilisation jusqu'à nos jours. On voit que cette histoire ne remonte, en réalité, qu'à deux siècles en arrière, puisque, jusqu'au temps de la première République, le besoin ne s'était pas fait sentir de moyens de communication plus rapides que la poste aux chevaux. La télégraphie, surtout la télégraphie électrique, est donc du domaine de l'histoire contemporaine, comme, d'ailleurs la plupart des conquêtes de la science, et notamment de la physique, mais si cette application est de date récente, elle n'en a pas moins pris en peu de temps un extraordinaire développement, parallèle à celui des autres applications de l'électricité.

L'organe essentiel du télégraphe et du téléphone est l'électro-aimant, ce moteur primitif d'où sont également sortis la dynamo et le transformateur, et c'est cet appareil composé de deux barreaux de fer doux, disposés parallèlement et entourés d'un fil conducteur parcouru par le courant d'une pile primaire, qui constitue encore la partie principale d'une foule d'autres appareils dont nous devrons nous occuper dans ce volume.

Pour le téléphone comme pour le télégraphe, il est indispensable de compléter l'appareillage par un dispositif destiné à appeler l'attention du correspondant ou de l'employé et le prévenir que l'on désire entrer en communication. Dès le début, on a pensé à demander à l'électro-aimant ce nouveau service en lui faisant actionner un signal bruyant. La sonnerie à trembleur a été créée, son électro est calculé de manière à pouvoir fonctionner avec les courants de faible intensité circulant dans le réseau et qui suffisent pour les appareils de transmission. Puis, cette sonnerie est entrée dans l'usage domestique comme signal d'avertissement, et on a combiné pour la commander quantité de petits appareils interrupteurs qui peuvent s'adapter dans une foule de circonstances, et qui s'utilisent partout dans les intérieurs, avec les modifications nécessitées par l'agencement des locaux.

Le succès de ces signaux sonores, actionnés par le courant électrique, a été considérable, et ce n'est pas seulement à l'intérieur des habitations qu'ils se sont répandus, mais dans tous les endroits où il était nécessaire de transmettre une indication ou d'appeler l'attention. Aussi peut-on rencontrer partout les sonneries électriques, aussi bien dans les usines et établissements industriels qu'à bord des paquebots, sur les lignes de chemins de fer comme dans les bureaux des grandes administrations. Il n'est pas jusqu'aux électromobiles, aux voitures urbaines actionnées par accumulateurs, qui n'aient adopté ce signal d'avertissement de préférence à la trompe ou à la sirène.

Quand il s'agit d'appeler d'un point quelconque d'un appartement, ou d'un bâtiment comportant un grand nombre de pièces, l'attention d'un employé se tenant en permanence dans l'antichambre ou un salon d'attente, la sonnette électrique ne saurait suffire, car on ne pourrait deviner de quel point du réseau l'appel est parti. Les tableaux-annonciateurs répondent alors à ce besoin : en même temps que résonne la sonnerie, un numéro ou une mention imprimée sur un petit carton, apparaît dans le vide d'un petit guichet transparent ménagé dans un tableau de verre noir accroché au mur. Autant l'installation possède de boutons d'appel, autant le tableau présente de guichets et de numéros distincts. Dès que le timbre se fait entendre, l'employé n'a qu'à lever les yeux sur le tableau pour savoir d'où vient l'appel et où il doit se rendre pour répondre. En pressant du doigt sur un bouton poussoir disposé à la partie inférieure du cadre, il fait disparaître le carton du guichet, et aucune erreur ou confusion ne peut être commise lorsqu'un nouvel appel est lancé d'un autre point du réseau et fait revenir un numéro dans l'un des guichets.

Les tableaux sont indispensables partout où il existe un grand nombre d'appels; il en existe de plusieurs systèmes fonctionnant d'après des principes différents, ainsi qu'on le verra dans les chapitres qui suivent; on peut même les associer de façon à leur faire répéter simultanément les mêmes indications, lorsque la chose est nécessaire, par exemple dans les hôtels à voyageurs.

A côté du télégraphe, vient se ranger une classe d'appareils non moins intéressants et que nous ne devons pas omettre dans cette collection d'ouvrages de vulgarisation des applications de l'électricité. Nous voulons parler de l'horlogerie électrique, qui présente plus d'un rapport avec la télégraphie et la télémécanique, et leur emprunte plus d'un de leurs procédés. On pourra peut-être nous objecter que la commande électrique d'une horloge ou la transmission du mouvement d'une pendule-type à une série de cadrans branchés sur un même réseau, ne constitue pas, à proprement parler, un « signal électrique », et que cette étude serait plus à sa place dans le volume traitant de la transmission de la force à distance ou dans la télégraphie. Nous répondrons à cette remarque en invoquant la parenté qui relie les appareils chronométriques aux appareils de haute précision de télémécanique, et en disant que cette description paraît venir avant celle des télégraphes, auxquels nous devons consacrer un tome de cette Bibliothèque.

A côté des horloges électriques, directrices ou commandées à distance, vient se placer l'étude des appareils à fonctionnement automatique appliqués à des usages très différents les uns des autres, et désignés sous le nom général d'avertisseurs et d'enregistreurs. Là encore nous rencontrons fréquemment l'électro-aimant, déclanchant un mécanisme quelconque lorsque le circuit électrique est fermé par un contact mis en jeu par un phénomène déterminé ou une action connue. Tels sont les *thermoscopes* ou avertisseurs d'incendie, les contrôleurs de ronde et les nombreux enregistreurs météorologiques à inscription automatique.

Si nous en revenons encore à la question des signaux, nous pourrons encore remarquer qu'on peut les ranger en deux classes distinctes : les signaux sonores ou acoustiques, et les signaux optiques et lumineux. Les télégraphes, les sonneries, les sirènes marines peuvent être rangés dans la première catégorie ; les phares, les ballons électro-lumineux, les projections électriques font partie de la seconde, et on peut à bon droit les considérer comme des signaux optiques, de même que les tableaux avertisseurs et les divers indicateurs à index mobile devant un cadran.

Il existe évidemment de nombreux appareils jouant, notamment pour la marine, le rôle d'avertisseur, mais qui empruntent leur énergie à une source étrangère, comme l'air comprimé, la vapeur, l'acétylène, etc. Bien entendu, il ne sera question ici que de ceux où l'électricité est utilisée sous une forme ou sous une autre : qu'elle produise la lumière ou le bruit constituant le signal.

En procédant ainsi, et nous efforçant de ne laisser dans l'ombre aucun détail de cette partie, non sans importance, des applications du courant et de l'énergie électrique, nous essaierons de donner le tableau le plus complet possible de l'état de cette question, avec toute la précision que mérite ce sujet.

CHAPITRE II

LES SIGNAUX ÉLECTRIQUES SONORES

L'appareil sonore le plus usité pour les appels à distance où l'électricité intervient comme puissance motrice est la *sonnerie*, mais il ne constitue qu'une partie de l'ensemble constituant le matériel des réseaux de signaux de ce genre. Ce matériel se compose en effet des objets dont voici la liste :

1° *Appareils transmetteurs.*

Piles ou générateurs électromagnétiques ;
Boutons d'appel, contacts ou interrupteurs ;
Fils conducteurs formant la ligne ;
Supports de la ligne.

2° *Appareils récepteurs*

Sonneries à électro-aimants ;
Sonneries polarisés et électromagnétiques ;
Cloches-signal et cloches à un coup ;
Sirènes électriques ;
Tableaux-annonciateurs et répétiteurs.

Remettant au prochain chapitre l'étude et la description des divers mécanismes destinés à produire, envoyer et transporter le courant électrique, nous ne nous occuperons pour l'instant que des appareils d'utilisation, ou récepteurs, que nous venons d'énumérer.

La sonnerie (ou sonnette) électrique est un avertisseur acoustique mis en action à volonté par l'effet d'un courant produit par une pile chimique ou un générateur mécanique. Son fonctionnement est basé sur le principe de l'électro-magnétisme, c'est-à-dire sur les phénomènes d'aimantation qui se succèdent à intervalles très rapprochés dans le fer constituant les barreaux d'un électro-aimant, phénomènes qui ont été mis à profit dans de nombreux autres appareils électriques complètement différents. En effet, si l'on considère qu'un appareil électromagnétique est un organe de transformation presque instantanée d'énergie mécanique ou chimique en énergie électrique, ou inversement, on comprend que l'application de ce principe doit être générale dans toute l'électrotechnique, et pour les usages les plus divers. Entre les dispositifs délicats qui servent, dans les instruments de mesure, à indiquer les phases d'un mouvement quelconque et les machines dynamiques industrielles, entre les appareils enregistreurs de haute précision et ceux employés pour la transmission des signaux télégraphiques ou autres, il n'existe en réalité que peu de différence en ce qui concerne les principes régissant leur fonctionnement. Dans tous ces systèmes qui paraissent à première vue si variés, on utilise le courant électrique pour développer un flux de force magnétique, un « champ magnétique », suivant l'expression consacrée, champ variable à volonté en grandeur et en direction, et qui peut engendrer instantanément un effort mécanique en rapport avec la quantité d'énergie dépensée. Et ce travail mécanique peut être soit le déplacement de l'index ou de la plume de l'enregistreur, soit le mouvement rotatif de l'anneau de l'induit d'une dynamo entre les épanouissements polaires des électro-aimants inducteurs, ou, plus modestement, la vibration rapide de l'armature et du marteau sur le timbre sonore ou le grelot de la sonnerie.

Dans ce dernier cas, il est facile de se rendre compte de la manière dont agit l'électricité. Prenez une tige de fer bien recuit de la grosseur d'un crayon ; faites-la rougir dans le feu, et, à l'aide d'une pince et d'un marteau, pliez cette tige de façon à lui donner la forme de la lettre U. Cela fait, et cette espèce de fer à cheval une fois refroidi, roulez autour de lui, sur plusieurs épaisseurs successives, séparées l'une de l'autre par un morceau de papier gris, du fil de cuivre recouvert de gutta et de coton. On commence par le haut du barreau, on roule jusqu'à l'endroit où il commence à se courber, on remonte, puis on redescend en roulant toujours le fil. Arrivé en bas, après cinq ou six couches superposées on passe sans interruption à l'autre branche de l'U, et on la recouvre du même nombre de couches de fil en procédant de la même façon que pour la première branche. Vous avez alors un *électro-aimant*, ou aimant momentané (fig. 1), et si vous réunissez les deux extrémités du fil roulé autour des deux barreaux parallèles, aux bornes d'une pile ou d'un accumulateur électrique, vous constaterez immédiatement que le fer de ces barreaux prend

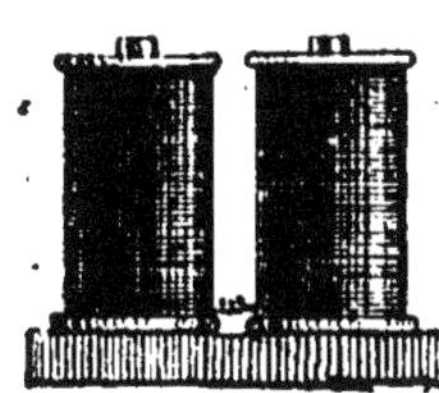

Fig. 1.
Électro-aimant à culasse plate.

l'état magnétique pendant la durée du passage du courant électrique, et qu'il perd instantanément cette propriété dès que vous arrêtez le passage du courant.

Pour reconnaître l'existence de la puissance attractive, acquise subitement par le fer grâce à la circulation du courant dans le fil qui l'entoure, on approche de son extrémité une lame de fer ordinaire qui vient se coller avec force sur les faces des deux barreaux où elle demeure adhérente tant que le courant passe, pour retomber aussitôt que l'on interrompt l'arrivée de l'électricité. On comprend, une fois cette expérience faite, qu'il est aisé d'imaginer un dispositif tel que cette lame de fer, ou *armature*, ait une course parfaitement limitée. Il suffit d'un simple ressort à boudin ramenant cette lame contre une vis servant de butoir pendant le repos.

Si les passages et les interruptions de courant se succèdent périodiquement à des intervalles très rapprochés, on comprend que l'armature prendra un mouvement oscillatoire et ses chocs répétés contre les faces du barreau, alternativement attractif puis neutre, donneront lieu à un bruit caractéristique pouvant servir de signal acoustique. On peut donner plus d'intensité à ce bruit en munissant l'extrémité mobile de l'armature d'une tige métallique terminée par un bouton agissant comme un marteau. A chaque fois que l'armature sera attirée ce marteau viendra frapper sur le bord d'un timbre en acier ou en bronze, d'une clochette ou d'un grelot de même métal, ou enfin d'une pièce sonore analogue qui vibre avec un bruit perceptible de très loin, capable d'attirer l'attention de la personne appelée.

C'est en 1840 qu'a paru le premier modèle de sonnerie électrique à trembleur, dû au physicien Neef. Les modèles modernes ont immuablement conservé les pièces essentielles de cet appareil, et les efforts des constructeurs se sont surtout portés sur les moyens de le rendre moins volumineux, plus élégant et meilleur marché. Ils les composent donc des pièces suivantes (fig. 2):

1° Une planchette rectangulaire, se terminant en V, arrondi à l'une de ses extrémités, servant de socle au mécanisme, lequel est protégé contre la poussière par une boîte en ébénisterie, et qui supporte la pièce sonore, timbre ou cloche, ainsi que les bornes d'attache ;

Fig. 2. — Sonnerie électrique à trembleur.

2° Un électro-aimant D D, ordinairement à culasse plate, sur chacun des barreaux duquel est enfilée une bobine de bois recouverte de plusieurs épaisseurs de fil conducteur isolé, de diamètre variable, de 2 à 16 dixièmes de millimètre et même davantage;

3° D'une barre plate de fer doux, appelée *armature*, portée par un petit ressort très flexible, dit *ressort principal*, qui est constitué par un ruban d'acier fixé contre l'un des côtés d'une équerre *m*, dont l'autre côté est vissé sur la planchette. L'armature est placée perpendiculairement par rapport aux barreaux de l'électro-aimant, en regard et à quelques millimètres de leurs faces dont elle est tenue écartée par le ressort de 1 millimètre pour le barreau le plus rapproché et 3 à 4 millimètres pour l'autre. Dans l'extrémité libre de l'armature, est vissée la tige en fil de fer se terminant par le marteau *d* ;

4° Enfin du ressort-trembleur, formé, comme il vient d'être dit, d'une lamelle d'acier dont la première partie constitue le ressort principal, et qui se continue le long de l'armature, à laquelle il est fixé par deux vis, pour s'en séparer et se recourber à l'extrémité qu'on appelle *ressort antagoniste*, de façon à venir toucher par un plot en argent la pointe d'une vis de réglage appelée *borne-butoir g*.

Le fonctionnement de cet appareil s'explique aisément comme suit :

Le courant venant d'une source d'électricité quelconque, et traversant le fil roulé autour des bobines de l'électro, produit l'aimantation du noyau, aimantation qui cesse aussitôt que le courant ne circule plus dans les spires du fil, ainsi que nous l'avons déjà dit. Si le courant passait constamment, l'armature resterait collée aux faces polaires des barreaux, et le marteau ne frapperait qu'un coup sur le timbre. Pour obtenir une succession de sons, on a recours à l'artifice que voici :

Le courant arrivant par la borne A *entrée* de la bobine D, parcourt le fil de cette première bobine, puis celui de la bobine suivante D', pour aboutir à la borne-butoir B à laquelle est relié le fil d'entrée de cette deuxième bobine. De la borne-butoir, il passe sur le ressort antagoniste, suit le ressort principal et descend sur l'équerre qui est en communication avec la borne B de sortie. Le courant passe donc, puisqu'il ne peut revenir à la pile par le fil serré sur cette borne B, exactement comme il en arrive par le fil monté sur la borne A, et, puisqu'il passe, le fer du noyau de l'électro devient actif; il attire donc l'armature, qui, en obéissant à l'attraction, emmène avec elle le ressort antagoniste, lequel cesse alors de toucher la vis-butoir *g*. L'attraction de l'armature a pour effet de faire frapper un coup de marteau sur le timbre, mais la cessation du contact entre le ressort antagoniste et le butoir a pour résultat d'empêcher momentanément le courant de passer. Par conséquent, le noyau de l'électro n'attirant plus l'armature, celle-ci sera ramenée par le ressort principal à sa position initiale, c'est-à-dire que tout ce qui vient de se produire va recommencer et recommencera dans le même ordre tant que le courant parviendra de la pile à l'appareil.

Ces dispositions fondamentales se retrouvent dans toutes les combinaisons de sonnettes électriques existant actuellement dans le commerce, et les différents modèles des catalogues ne diffèrent les uns des autres que par la disposition donnée aux divers organes entrant dans la composition de ces appareils et par leur mode de montage les uns par rapport aux autres. D'ailleurs, la variété de la grandeur et de la forme données à la pièce sonore, ainsi que la nature de la matière dont celle-ci est faite, donne les modifications cherchées dans le son produit, et permet de reconnaître, sur les réseaux trop peu étendus pour comporter de tableau indicateur, de quel point provient l'appel, s'il vient d'une pièce déterminée de l'appartement ou de la porte d'entrée. On peut encore, pour mieux différencier le son, faire usage au lieu d'un timbre ou d'un grelot, d'un petit tambour ou même d'une simple planchette en bois de gaïac.

Le bruit un peu strident résultant des chocs répétés du marteau sur le métal font souvent sursauter les personnes nerveuses qui trouvent ce bruit fort désagréable. Le timbre chantant de Guerre (fig. 3) est exempt de cet inconvénient, car il produit, non plus un roulement saccadé, mais un son musical continu.

Sous un timbre en acier, est dissimulé un électro-aimant dont les pôles sont très rapprochés des parois vibrantes. Une petite pointe platinée amène le courant au timbre, qui le transmet à l'électro par l'intermédiaire de la tige de support. Aussitôt que l'on ferme le circuit, le bord du timbre est attiré et le contact est interrompu; le timbre reprend alors sa première position et rétablit le contact.

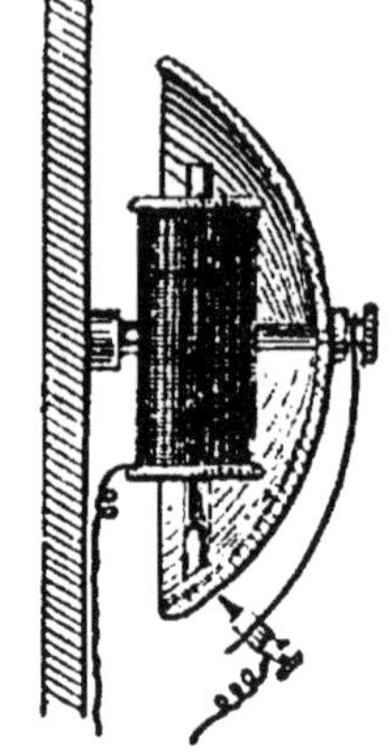

Fig. 3. — Timbre chantant de Guerre.

Les parois du timbre sont ainsi animées d'un mouvement de va-et-vient extrêmement rapide, et le nombre des vibrations par seconde est tel qu'un son continu est produit, et ce son peut être considérablement amplifié en enfermant l'appareil à l'intérieur d'une caisse de résonance en bois mince.

Dans quelques cas spéciaux, par exemple pour répéter les heures sonnées par une pendule, il est nécessaire que la sonnerie donne des sons très brefs. Pour obtenir ce résultat, il suffit de supprimer la vis-butoir venant toucher le ressort antagoniste, et faire communiquer directement le fil de sortie de l'électro à la borne. Dans d'autres circonstances, le tintement prolongé de la sonnerie peut au contraire, présenter des inconvénients que l'on évite en employant une disposition telle que le marteau ne frappe qu'un seul coup énergique sur le rebord du timbre métallique. Si l'on n'emploie pas la disposition qui vient d'être indiquée, on recourt alors à l'agencement suivant : le marteau n'est plus rendu solidaire de l'armature; il est fixé sur la branche la plus longue d'un levier dont l'autre bras est commandé par l'armature d'un électro-aimant vertical. Cette disposition permet au marteau d'acquérir une grande vitesse avant d'arriver jusqu'au timbre, et d'être animé alors d'une assez grande force vive pour heurter violemment le bord de métal. Il n'y a plus, dans ce système, de ressort ni de vis de contact susceptibles de se dérégler (fig. 4).

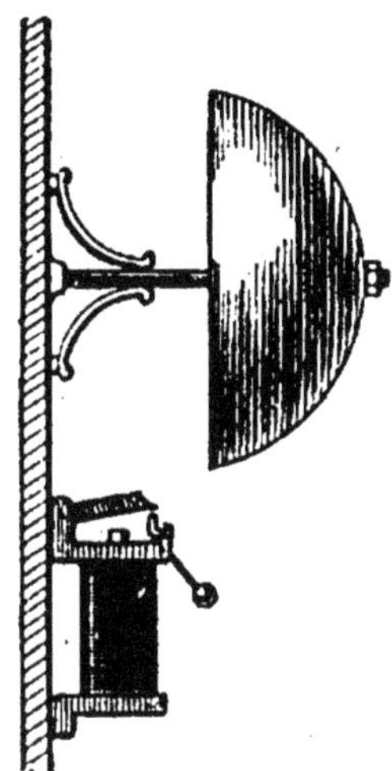
Fig. 4. — Sonnerie électrique à un coup.

Au lieu de ne frapper qu'un coup unique, il faut parfois que l'appareil continue à résoner sans interruption, alors même qu'on a cessé d'appuyer sur le contact d'appel, et cela jusqu'à ce que la personne appelée arrête elle-même le tintement.

A cet effet, on ajoute à une sonnerie ordinaire une troisième borne, reliée à l'armature mobile, et on établit les connexions comme suit : la vis de contact est reculée à une très petite distance de l'armature. L'interrupteur 1, manœuvré par la personne qui appelle, est un bouton ordinaire, comme ceux que nous décrirons dans le chapitre suivant; il ne laisse donc passer le courant que pendant le temps où l'on tient le doigt appuyé sur lui. L'autre, 2, fonctionne en sens inverse, c'est-à-dire n'interrompt la communication entre les deux bouts du conducteur fixés à ses bornes qu'au moment où la personne appelée en pousse le bouton.

Dans ces conditions, si l'on presse sur le bouton 1, l'armature est attirée par l'électro et ne s'en éloigne que lorsqu'on cesse d'envoyer le courant en relevant le doigt qui opère la pression. Mais alors, en vertu de la vitesse acquise, l'armature vient toucher la vis de contact, et, à partir de ce moment, la sonnerie retentit d'une façon ininterrompue grâce au courant passant par le fil 2, jusqu'à ce que la personne appelée supprime un instant la communication au moyen de l'interrupteur 2, en ayant soin d'attendre que les oscillations soient bien arrêtées.

Il existe également des sonneries continues actionnées par un mouvement d'horlogerie déclanché le moment venu par un électro-aimant. Une très courte émission de courant suffit pour que le timbre résonne jusqu'à ce qu'on vienne arrêter le marteau, mais il faut pour cela un appareil assez compliqué et coûteux présentant en outre l'inconvénient d'exiger le remontage périodique du ressort moteur.

On construit également des sonneries à appel continu prolongé ou à *signal* comme on les nomme également, en raison de leur fonctionnement particulier.

Ces sonneries, à appel continu, sont surtout employées comme signal d'alarme; lorsque leur armature se trouve attirée par l'électro, elle abandonne une pièce métallique qui, au repos, s'y trouve accrochée ; cette pièce, repoussée à son tour par la pression d'un petit ressort en spirale, vient alors toucher un contact, et ferme directement le circuit de la pile sur la sonnerie en supprimant le jeu de l'interrupteur ou du bouton d'appel.

Pour faire cesser le bruit de la sonnerie, il faut enclancher de nouveau la pièce mobile libérée par le mouvement de l'armature, et ce résultat est obtenu en tirant une chaînette fixée à l'extrémité d'une équerre, sous le timbre sonore.

Dans ces modèles, dont le schéma est représenté par la figure 5, la planchette de support est pourvue de trois bornes au lieu de deux, comme d'habitude. Les bornes 2 et 3 sont en relations avec les pôles de la pile ; la borne 1 est en communication avec le bouton d'appel, qui est également relié avec le pôle positif de la source, comme dans tous les autres systèmes de sonnettes. En pressant sur le bouton, le courant pénètre, depuis le plot C dans l'ancre de la sonnerie et dans l'électro-aimant, puis il sort par la borne pour retourner à la source. Mais alors le crocher U étant relâché, tombe sur le contact C et ferme ainsi le circuit des bornes 2 et 3, c'est-à-dire qu'elle met ces bornes en court-circuit sur la pile. Alors même si l'on cesse d'appuyer sur le bouton d'appel, la sonnerie continuera à fonctionner jusqu'à ce qu'on interrompe le contact U *c* en tirant sur la chaînette ainsi que cela a été expliqué dans le paragraphe précédent.

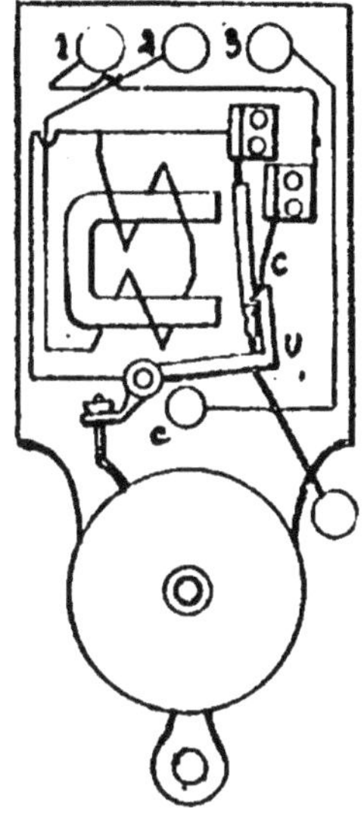

Fig. 5. — Sonnerie à appel continu.

C'est là une disposition peut-être un peu plus compliquée que la sonnette commune, à trembleur et qui n'est d'ailleurs nullement indispensable pour obtenir le rés tat cherché. Il suffit de faire usage, au lieu de boutons d'appel, d'interrupteurs à manette ou à fiche qu'il suffit de laisser sur la position de contact pour faire sonner sans interruption.

Les sonneries *avec signal* servent à indiquer que l'appareil a fonctionné, dans le cas où, la personne appelée se trouvant absente, n'a pu entendre le bruit de l'appel. La disparition du *voyant*, — ordinairement un disque en carton peint en rouge, — peut être obtenue à l'aide d'un dispositif très simple, analogue à celui qui est employé dans les tableaux annonciateurs, et qui se trouve en relation avec l'électro de la sonnette qui le commande. Le voyant reprend sa place quand on appuie du doigt sur un bouton disposé sur le dessus de la boîte contenant le mécanisme. Le courant de la pile passe alors dans l'électro-aimant qui redevient actif et commande l'accrochage du carton. Ce modèle doit donc, en conséquence, être accroché à portée de la main afin de pouvoir être manœuvré à volonté quand la chose est nécessaire.

Un autre système de sonnette électrique qui a eu un instant de vogue est celui de M. de Redon, et qui a paru en 1885. La boîte contenant le mécanisme est de forme cylindrique, et cette espèce de disque est recouvert d'un côté par le timbre vibrant, en acier qui forme couvercle. Le trembleur, avec le marteau, présente une disposition particulière : c'est un arc en acier, mince et élastique, fixé en deux points de l'armature mobile, et qui vibre lorsqu'on fait passer un courant dans les spires de l'électro. L'amplitude de sa course est très considérable relativement, car elle peut atteindre plusieurs centimètres ; elle permet d'empêcher, autrement que sous l'action d'un courant, la boule servant de marteau, d'atteindre le bord du timbre. Cet avantage est surtout appréciable pour les Compagnies de chemins de fer et autres moyens de locomotion, car cette sonnerie ne peut tinter par le seul effet des trépidations du véhicule qui en est muni, ou par l'ébranlement du sol résultant du passage des trains sur les voies, lorsque l'appareil est installé à poste fixe, comme le fait une sonnette à trembleur.

L'électricien E. Richer a fait connaître une sonnette de dimensions réduites dans laquelle il est fait usage, non d'un électro-aimant à deux bobines, en fer à cheval ou à culasse plate, mais d'un électro à barreau unique, ou boiteux autour duquel est roulé un fil présentant une résistance électrique de 5 ohms, c'est-à-dire sensiblement la même qu'un électro ordinaire à deux bobines. Le marteau trembleur étant ajusté et articulé sur l'une des joues ou culasses en fer, est aimanté directement et prend le pôle de même nom que la joue ; ce genre de montage supprime l'usage du *ressort principal* qui est souvent une cause de fragilité et une difficulté de réglage. L'autre joue opposée également en fer est de pôle contraire au trembleur, et l'attire directement et non par influence comme dans les systèmes précédents. Grâce à cette modification, il devient impossible que l'armature colle contre les faces polaires de l'électro, puisqu'elle possède un ressort antagoniste non magnétique intercalé entre les deux pôles ; son épaisseur jointe à sa polarité l'en empêchent absolument.

Toutes les sonneries que nous venons de décrire exigent, pour fonctionner, des courants continus, tels que ceux fournis par les piles chimiques. Ces courants étant de basse tension, le fil roulé autour des branches des électros doivent être assez résistants : de 5 ohms à 500 ohms et plus suivant la longueur du circuit à desservir. Toutefois dans la marine, on fait usage des sonneries entièrement métalliques, montées sur ardoise, et pouvant être actionnées par le courant des dynamos à lumière, dont la tension va de 55 à 75 volts.

Pour pouvoir utiliser également les courants alternatifs, on a encore combiné des modèles particuliers de sonneries électromagnétiques fonctionnant alors sans pile, et dites *sonneries polarisées*. Elles se composent ordinairement de deux timbres sonores, d'égal diamètre, et entre lesquels oscille un marteau monté sur un barreau d'acier aimanté. A droite et à gauche de ce barreau se trouvent les pôles d'un électro-aimant. Selon le sens du courant qui parcourt les bobines, l'armature se porte à droite ou à gauche, et le marteau vient heurter alternativement des deux timbres. Nous verrons dans le chapitre suivant quelles sont les dispositions données aux appareils émetteurs de courant allant avec ces sonneries et qui remplacent le bouton d'appel et la pile.

FIG. 6. — Sonnerie polarisée.

Nous devons encore mentionner, comme signal acoustique remplissant le même rôle que les sonnettes, les *sirènes*, dont le système Zigang est le plus connu. Dans cet instrument (fig. 7), l'armature d'un électro-aimant est fixée au centre d'une membrane métallique. La pointe d'une vis appuie sur l'autre face de cette membrane ; le courant venant de l'électro passe sur cette membrane et sur la vis.

L'attraction de l'armature fait cesser le contact entre ces deux pièces, et la membrane s'éloigne, puis, une nouvelle attraction se produisant, elle s'éloigne encore et ainsi de suite. Comme dans le timbre chantant de Guerre, que nous avons décrit, la continuité du son est due uniquement ici à la très grande rapidité des mouvements de la plaque vibrante. On peut, dans une certaine mesure, faire varier la hauteur de son produit en modifiant le réglage de la vis de contact, comme dans une sonnerie à trembleur. Un cylindre de laiton surmonté d'un pavillon évasé, protège les organes de cette trompette et contribue en même temps à renforcer le son.

FIG. 7. — Sirène électrique Zigang.

La sirène électrique du même inventeur fonctionne de la même façon, mais produit des sons beaucoup plus puissants pouvant être entendus beaucoup plus loin. Elle exige aussi une pile plus puissante, composée d'au moins huit éléments Leclanché au lieu de deux ou trois, comme la précédente.

Quand un réseau comporte un certain nombre de boutons d'appel disséminés dans les différentes pièces d'un appartement ou d'une habitation, et que l'on désire savoir d'où vient l'appel entendu, on emploie quelquefois plusieurs sonneries, et, pour éviter toute erreur, on munit l'une d'un timbre donnant un son aigu, l'autre d'une cloche sonore, une autre d'un grelot ou d'une plaque de bois ; mais il faut dire que c'est là une complication bien inutile, car il est beaucoup plus simple et plus sûr de n'avoir qu'une sonnette unique, avec un tableau annonciateur indiquant automatiquement le point d'où l'appel est parti. Chaque fois que le signal sonore retentit pour prévenir, le tableau fait apparaître, dans un guichet transparent, un numéro ou une mention écrite indiquant de quelle pièce le courant est lancé, et où la présence de la personne est réclamée.

Il existe plusieurs mécanismes propres à assurer les mouvements d'apparition et de disparition des cartons derrière les guichets des tableaux. L'appareillage se compose d'autant d'électros et d'équipages mobiles qu'il y a de guichets et des signaux différents dans le tableau. Ces électros possèdent des noyaux qui se prolongent dans la partie supérieure de façon à comprendre l'armature, qui est fixée à ses extrémités, sur deux viroles en laiton placées dans les noyaux au-dessous des bobines. L'électro est disposé sur un plan horizontal, et l'armature se trouve maintenue simplement par l'effet du poids du disque de carton fixé sur elle.

Quand le courant émis par la pile traverse les spires de la bobine, l'armature obéissant à l'influence du magnétisme des deux noyaux, exécute le quart d'une révolution sur son axe et vient toucher par une de ses faces les viroles de laiton. L'indicateur entraîné dans ce mouvement vient s'encastrer dans le guichet et fait ainsi paraître la mention du point d'où le signal a été envoyé.

On s'est efforcé d'améliorer le fonctionnement des tableaux-annonciateurs en remplaçant par des électros en fer à cheval ceux à branche unique (ou électros boiteux) dont il est fait souvent usage. En calculant convenablement la forme de l'armature tout en lui donnant une sensibilité suffisante pour obéir aux effets du magnétisme, on parvient à réaliser une certaine économie d'électricité, en même temps que la construction de l'appareil est moins coûteuse.

Cependant, il arrive que le fonctionnement des tableaux, pourtant installés avec la plus grande attention par des ouvriers expérimentés, est irrégulier, que les électros qui les actionnent soient à double bobine ou boiteux. A bord des navires, notamment, les mouvements de roulis et de tangage amènent souvent la chute intempestive et répétée de l'armature, causant ainsi inutilement le dérangement des préposés au service des cabines. C'est dans le but de remédier à cet inconvénient que l'on a créé un type d'électro-aimant spécial pour les navires, avec lequel le voyant ne peut être levé autrement qu'en appuyant sur un bouton.

Pour obtenir ce résultat, une lame de fer disposée en conséquence ne permet à l'armature de pivot de faire paraître le voyant au guichet que lorsque le courant passe dans les spires de l'électro. En général, ces appareils sont montés horizontalement l'un à côté de l'autre à l'intérieur d'une boîte en bois, fermée par une cloison ou un couvercle en verre rendu opaque par une couche épaisse de vernis noir dans laquelle on a réservé l'emplacement des guichets, ouvertures transparentes au milieu desquelles les cartons des voyants viennent s'encadrer. Ces boîtes sont accrochées aux murs dans la position verticale à l'aide de ferrures spéciales dont elles sont munies et qui s'engagent dans les clous à crochet enfoncés dans le mur.

Une série de bornes sont disposées côte à côte suivant une ligne horizontale à la partie supérieure du cadre et ces bornes reçoivent tous les fils du réseau. Elles sont, en même temps, reliées avec les électros commandant le mouvement du voyant de chaque guichet. Quant à la disparition de ses cartons, elle peut également être obtenue par l'électricité, et il suffit, dans ce cas, d'intercaler à l'intérieur un électro chargé d'opérer ce mouvement. Une pression du doigt exercée sur un bouton-poussoir disposé à la partie inférieure du cadre, suffit pour provoquer la disparition immédiate de n'importe quel carton, ou même, au besoin, de tous les cartons en même temps.

Lorsqu'un contrôle est nécessaire, il faut que chaque numéro ou mention puisse disparaître indépendamment des autres, et pour cela, il est nécessaire de faire usage d'électro-aimants spéciaux, dits *à aiguille*, dont voici la description succincte :

Le carton portant l'inscription imprimée ou le numéro correspondant à l'emplacement du bouton d'appel, est fixé sur une aiguille aimantée qui peut osciller à droite ou à gauche de son plan d'équilibre, suivant le sens dans lequel le courant parcourt les spires de l'électro. On conçoit donc que, si le courant arrivant de la pile et du bouton fait osciller l'aiguille *à gauche*, de manière à ce que le carton vienne se placer dans l'encadrement du guichet, l'effet inverse sera obtenu en appuyant sur le bouton-poussoir situé au bas du tableau. Le courant traverse en sens inverse le fil des bobines de l'électro dont la polarité se trouve intervertie, et l'aiguille est chassée dans le sens opposé. Elle revient donc à sa position première avec le carton qui disparaît du guichet.

Ainsi donc, quand on vient à presser sur un bouton de contact quelconque du réseau, le circuit se trouve fermé, le courant de la pile vient agir sur l'électro auquel ce bouton correspond, puis arrive à la sonnerie qui entre en action, en même temps que le numéro surgit dans un des guichets du tableau. Le préposé, ainsi prévenu de l'endroit où on le demande, prend la précaution avant d'accourir, d'appuyer du doigt sur le bouton-poussoir. Le courant entrant par la borne 1, vient agir alors en sens contraire sur l'électro, et il s'échappe par la borne 2 qui le ramène à la source. Le numéro disparaît du guichet et l'appareil redevient prêt à enregistrer un nouvel appel.

Les tableaux à aiguilles présentent malheureusement un grave inconvénient; les aiguilles perdent graduellement leur aimantation sous l'influence des courants telluriques courants dus, ainsi que cela a été expliqué dans le volume *Qu'est-ce que l'Electricité?* au magnétisme terrestre. De même, le passage d'un courant un peu trop intense, dans l'électro, amène une diminution progressive de la sensibilité de cette aiguille, et ces défauts ont assez d'importance pour limiter l'usage de ce procédé de commande du mouvement des cartons. De plus, comme le prix de revient de ce genre de tableaux est assez élevé en raison de leurs dimensions plus grandes, on les remplace fréquemment par d'autres modèles possédant un autre type d'électro plus simple et d'un fonctionnement plus sûr et plus durable. Cet électro est muni d'une armature dite à *balançoire* (fig. 8), avec laquelle le voyant se montre ou disparaît du guichet suivant que le courant circule dans la bobine de droite ou celle de gauche.

On peut faire fonctionner ensemble plusieurs tableaux-annonciateurs, c'est-à-dire faire apparaître ou rendre invisibles les indications l'une par l'autre. Ainsi, dans les châteaux, hôtels particuliers, etc., on place fréquemment deux tableaux, l'un dans l'antichambre et l'autre dans le couloir des chambres de domestiques, de manière à ce que ceux-ci entendent l'appel, qu'ils se trouvent au rez-de-chaussée ou dans les combles. Dans ce cas, de même qu'en agissant sur un bouton quelconque fait sonner et marquer à la fois aux deux tableaux du haut et du bas, en pressant sur le bouton-poussoir de l'un ou de l'autre tableau, on fait disparaître les numéros des guichets de ces deux appareils.

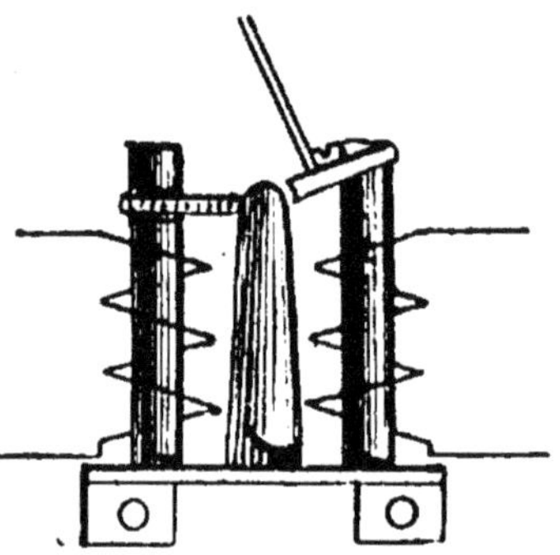

Fig. 8. — Armature à balançoire.

Mentionnons encore, avant de terminer ce chapitre, les tableaux à déclanchements dits *à lapin*, dans lesquels les indications sont masquées par un volet métallique, maintenu en bas par une charnière, en haut par un crochet disposé à l'extrémité de l'armature oscillante d'un électro-aimant. Lorsque le courant parvient à cet électro, l'armature attirée, décrit un arc de cercle autour du pivot placé à moitié de sa longueur, le crochet se dégage et laisse le volet s'abattre, en tournant autour de sa charnière. Il vient toucher alors un plot et le courant est dérivé alors dans la sonnerie. Après avoir vérifié l'inscription ou le numéro ainsi démasqué, on redresse le volet qui est raccroché dans sa position première et redevient prêt à transmettre un nouveau signal.

Nos figures 9 et 10 représentent encore un modèle très bien conçu de tableau annonciateur dû à M. Burgunder, l'ingénieur électricien connu ; la figure 10 montrant en détail le mécanisme de déclanchement.

Fig. 9. — Tableau à guichets à 4 numéros.

Fig. 10. Mécanisme du tableau système Burgunder

Nous aurons à revenir en détail sur ces systèmes de tableaux, employés surtout pour les téléphones, dans le tome suivant de cette même collection : *La Transmission Électrique de la Pensée* auquel nous renverrons le lecteur.

CHAPITRE III

LES APPAREILS D'APPEL

Avant de décrire les différents mécanismes qui permettent d'intercepter ou de laisser passer le courant dans les appareils de signaux, il nous paraît utile de parler des générateurs fournissant l'énergie nécessaire pour mouvoir ces signaux. Il est bon de se rendre compte nettement du fonctionnement de ces générateurs et de savoir exactement ce que l'on entend par *pile électrique.*

La pile, peut-on répondre, est un appareil destiné à développer un flux continu d'électricité appelé *courant électrique.* Les procédés permettant d'obtenir ce flux par une réaction chimique quelconque sont innombrables, mais les découvertes de l'électromagnétisme, qui permettent de transformer économiquement un travail mécanique en courant ont amené la disparition d'un grand nombre de systèmes trop compliqués ou exigeant des manipulations de produits corrosifs ou dangereux, et, dans tous les cas, d'entretien extrêmement coûteux.

Nous nous bornerons à nous occuper ici des modèles qui trouvent leur emploi dans les différents mécanismes étudiés au cours de ce volume, c'est-à-dire dans les sonneries, les tableaux, les horloges et les différents indicateurs et avertisseurs.

Trois grandeurs sont à considérer dans la puissance développée par un générateur chimique : ce sont la *force électromotrice*, l'*intensité*, et la *résistance*, grandeurs, dont nous avons dit un mot à la fin du volume *Qu'est-ce que l'Electricité?* On peut comparer, avons-nous dit, le courant électrique à un courant d'eau circulant dans une conduite réunissant deux réservoirs situés à des niveaux différents. De même que l'eau s'écoule du réservoir supérieur dans celui placé plus bas, l'électricité circule dans un conducteur métallique depuis le point où la pression électrique est la plus élevée jusque vers un point où elle est moins considérable. Si les niveaux étaient les mêmes, pour les deux réservoirs, la pression serait nulle, et, dans un cas comme dans l'autre, il n'y aurait aucun déplacement de liquide ou de force, et on ne constaterait aucun mouvement de circulation.

On donne, en électrotechnique, le nom de *force électromotrice* à cette différence de niveau entre les deux points considérés ; cette force résultant d'une rupture d'équilibre causée par une réaction chimique ou un travail mécanique, varie suivant la nature des causes qui amènent cette rupture d'équilibre ou *différence de potentiel*. On mesure cette force, qui s'évalue en unités appelés *volts* à l'aide d'une espèce de galvanomètre à fil fin désigné sous le nom de *voltmètre*.

On admet, en thèse générale, que le sens du courant électrique le long d'un conducteur, va du pôle positif de la source (+), au pôle négatif (—). A l'intérieur de cette source d'électricité, la circulation s'effectue en sens contraire, du négatif au positif, si bien que le courant parcourt un cercle complet, appelé *circuit*.

Dans une pile chimique, le pôle positif est constitué par

une matière inattaquable au milieu dans lequel ce pôle est plongé, milieu ordinairement acide et nommé *électrolyte*. C'est une plaque, ou un cylindre en substance inaltérable, le plus souvent en charbon ou en graphite. Le pôle négatif, lui, est au contraire en métal attaquable par le liquide de l'électrolyte qui le dissout peu à peu. Le métal à peu près universellement employé est le zinc, allié ou non au mercure.

De même que, dans une canalisation d'eau, la vitesse de circulation du liquide à l'intérieur de la conduite se trouve diminuée par le frottement des molécules le long des parois, dans un circuit électrique, la propagation du courant est retardée par différentes causes. C'est ce retard que l'on désigne sous le nom de *résistance*.

La *résistance intérieure* d'une pile est formée par le total des résistances opposées au passage du courant par la densité de l'électrolyte, sa composition et celle des *électrodes* composant les pôles. Elle varie suivant la nature et la surface de ces électrodes, la composition et le degré de concentration du liquide dans lequel elles baignent. Quand une pile est composée d'un plus ou moins grand nombre d'éléments que l'on accouple par leurs pôles de noms contraires (le charbon de l'un avec le zinc de l'autre, et ainsi de suite), la résistance totale de la batterie est égale à la somme des résistances intérieures de chaque élément additionnées ensemble.

La *résistance extérieure* est due à la difficulté opposée à la propagation du courant par le métal constituant le conducteur ; elle dépend de sa nature, de la section du fil et de sa longueur. Plus cette section est considérable pour une quantité d'électricité donnée, moins la résistance est forte. Les résistances électriques s'évaluent en *ohms* et se mesurent à l'aide de bobines de fil de ferro-nickel, ayant une résistance connue et que l'on intercale dans le circuit à mesurer. La résistance est en raison directement inverse de la *conductivité* (et non pas *conductibilité* qui est autre chose), moins facile à mesurer.

On comprend que, moins la résistance d'un circuit sera grande, et que plus élevée sera la pression, tension ou force électromotrice (tous ces termes sont équivalents), plus la conduite *débitera* d'électricité. On voit alors intervenir la troisième grandeur, qui dépend des deux précédentes et qui est connue sous le nom d'*intensité* qui s'exprime en *ampères* et se mesure à l'aide d'un galvanomètre à gros fil appelé *ampèremètre*. La relation réunissant ces trois termes peut donc s'écrire :

$$\text{Intensité} = \frac{\text{Force électromotrice}}{\text{Résistance}}$$

ou, en abrégé

$$I = \frac{E}{R}$$

On conçoit donc que, si l'on veut obtenir le maximum de courant d'une pile on devra abaisser au minimum la résistance totale du circuit en faisant usage d'éléments de grandeur suffisante et en constituant le circuit avec des fils de métal de haute conductibilité, de section en rapport avec la quantité d'énergie devant les traverser. Suivant les systèmes de piles et les réactions utilisées, la pile ne fournira du courant que pendant le temps où ses deux pôles seront réunis par le circuit extérieur, ou elle s'usera, même pendant le repos, alors qu'elle n'effectue aucun travail utile.

Quand le conducteur réunit directement les deux pôles

de la pile, sans aucune solution de continuité, le circuit est dit *fermé*, et le courant peut le parcourir sans interruption. Si on coupe ce conducteur en un point quelconque ou qu'on le détache de l'un des pôles de la pile, le circuit est alors dit *ouvert*, il y a interruption sur son trajet et le courant cesse de circuler.

En matière de signaux électriques, et particulièrement de sonneries et de tableaux, on retrouve constamment l'application de ce principe. Les deux bouts du fil où l'on a opéré cette coupure du circuit sont ordinairement reliés à deux petites lames de métal assez élastique, découpées en forme de C, et disposées au-dessus l'une de l'autre à l'intérieur d'une petite boîte cylindrique. Ces lamelles sont agencées de telle façon qu'à l'état ordinaire elles se trouvent superposées et que leurs extrémités sont à quelques millimètres l'une de l'autre. En appuyant sur la lamelle supérieure, celle-ci viendra au contact de celle placée au-dessous, et la coupure étant supprimée, le circuit est fermé et la pile fonctionne. En relevant le bout du doigt, cette lamelle, par suite de son élasticité, s'écarte de l'autre et reprend sa position primitive, interrompant à l'état ordinaire, le passage de l'électricité. Ainsi donc, pour se rendre compte de la circulation du courant dans une canalisation, on voit qu'elle est nulle tant que les deux lames élastiques de la coupure restent écartées l'une de l'autre ; la pile travaille aussitôt et le courant passe dès que cette coupure est supprimée et que l'électricité va d'une lame à l'autre, tel est le principe du fonctionnement de ce genre d'appareils.

En ce qui concerne la production du courant, elle est donc assurée, avons-nous dit, dans les réseaux de signaux électriques, par des piles à réactions chimiques, dans lesquelles l'attaque du zinc par un acide donne naissance à un dégagement d'électricité. Toutefois, tous les systèmes de piles ne conviennent pas à cette application qui ne nécessite qu'un travail intermittent et peu considérable, puisqu'il ne s'agit de produire qu'un champ magnétique très limité. Il faut donc un générateur qui dépense très lentement la quantité d'énergie contenue dans les produits chimiques mis en présence, et non pas en un temps assez court, comme c'est le cas avec certaines réactions qui dissipent rapidement la charge d'énergie représentée par les matières réagissant les unes sur les autres. Enfin il faut surtout une pile qui ne travaille pas *à circuit ouvert*, qui ne s'use pas en pure perte pendant les périodes de repos, et ces diverses conditions se trouvent réunies dans la réaction du chlorure d'ammonium indiquée pour la première fois en 1843 par le physicien de la Rive. C'est une pile basée sur ce principe qui est à peu près universellement employée comme productrice de courant pour les sonneries, tableaux et autres appareils avertisseurs : la pile Leclanché (fig. 11).

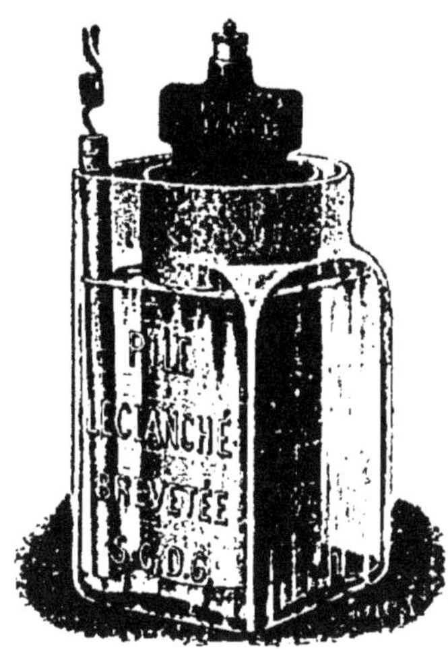

Fig. 11. — Pile Leclanché à vase poreux.

La résistance intérieure de ce système est très faible, ce qui le rend particulièrement apte à pouvoir travailler sur des circuits présentant, eux, une grande résistance, comme c'est le cas pour les réseaux téléphoniques entre autres.

Cette pile possède l'avantage de n'avoir qu'une faible consommation de zinc, limitée aux instants où la pile fonctionne, et ces divers avantages ont amené les électriciens à adopter exclusivement ce système pour tous les usages domestiques, pour les signaux, enfin pour tous les travaux intermittents et de peu de durée.

En principe, la pile Leclanché, à sel ammoniac, se compose des pièces suivantes :

1° Une électrode positive formé d'un mélange de charbon conducteur et de grenaille de peroxyde de manganèse ;

2° Une électrode négative constituée par un crayon ou par une lame de zinc non amalgamé roulée en cylindre. Ces électrodes baignent dans une dissolution de sel ammoniac contenue dans un bocal en verre de forme quadrangulaire.

Le chlorure d'ammonium se combine, dans ce système, au zinc pour former du chlorure de zinc, et l'ammoniaque est mis en liberté. L'hydrogène dégagé s'empare d'une partie de l'oxygène du peroxyde de manganèse pour former de l'eau et transformer le peroxyde en sesquioxyde, pendant que des réactions secondaires locales interviennent pour produire des oxychlorures et des chlorures doubles.

Il existe plusieurs formes d'éléments Leclanché. Les plus usitées sont :

1° Eléments à vases poreux ; 2° à plaques mobiles en aggloméré ; 3° à cylindre ; 4° à aggloméré à sac ; enfin en dernier lieu, les éléments à sacs, à liquide immobilisé. Dans les premiers, le pôle positif est une lame de charbon servant de prise de courant, et dressée au centre d'un vase poreux cylindrique ; le vide entre la lame et les parois internes du vase est rempli par un mélange de peroxyde de manganèse et de charbon de cornue ou graphite. Le pôle négatif est un simple crayon de zinc.

Le modèle à plaques mobiles (fig. 12) a été créé dans le but d'augmenter le rendement, diminuer la résistance intérieure et faciliter le remplacement des électrodes. Au lieu d'un vase poreux le pôle positif est composé de la même plaque de charbon servant de collectrice de courant, mais à laquelle se trouvent accolées de chaque côté, et réunies par des bracelets en caoutchouc, des plaques composées d'un mélange comprimé à la presse hydraulique, de charbon de cornue et de peroxyde de manganèse ; le négatif est encore un crayon de zinc.

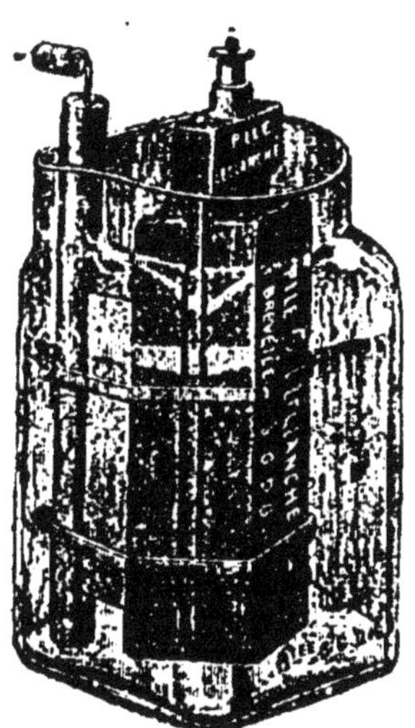

Fig. 12. — Élément à plaques agglomérées.

Dans le modèle Leclanché-Barbier (fig. 13), l'électrode, au lieu d'être plate et formée de plaques assemblées, est tubulaire, et le zinc est suspendu au centre de ce tube, à un couvercle assurant la fermeture hermétique du bocal, ce qui évite l'évaporation du liquide, et, par suite, la production des sels grimpants qui viennent salir et oxyder les contacts.

Dans le type de pile dit à sac (fig. 14), le poids de

matière dépolarisante, sous le même volume, est le double de celui de la pile à vase poreux et d'un tiers supérieur à celui qui précède, d'où résulte une augmentation sensible de la capacité. La préparation du mélange composant l'aggloméré, la porosité de la toile faisant office de vase poreux, l'emploi d'un zinc circulaire au lieu d'un crayon plein, font que cet élément donne son maximum de rendement avec un minimum de résistance intérieure, aussi s'est-il considéra-

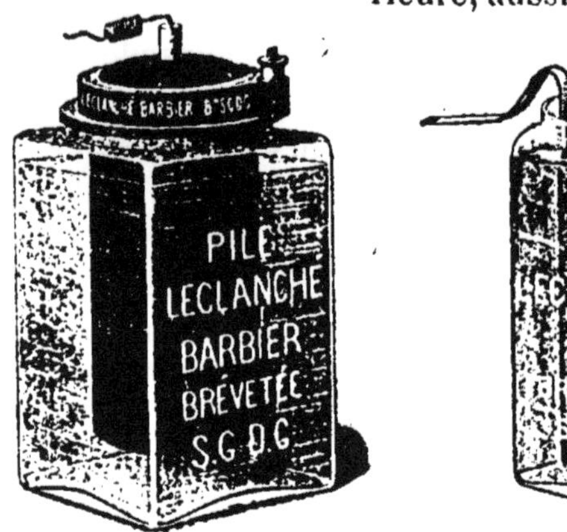

FIG. 13. — Élément Leclanché-Barbier.

FIG. 14. — Pile à sac.

blement répandu, et a-t-il été copié à l'infini par des constructeurs trouvant infiniment plus simple de reproduire servilement une combinaison excellente plutôt que de se donner la peine de chercher une réaction équivalente ou supérieure.

En pratique, 100 grammes de chlorhydrate d'ammoniaque correspondent à 50 grammes de zinc dissous dans l'élément, et à 100 grammes de peroxyde de manganèse, mais certaines proportions sont à observer dans le rapport des substances mises en présence pour obtenir le résultat le plus favorable possible.

Lorsque les piles sont destinées à être placées à bord de véhicules et que le liquide excitateur est susceptible d'être déversé accidentellement hors des éléments, ce liquide est immobilisé à l'aide d'un produit absorbant ou coagulant, tel que la gélose d'agar-agar, ou tout simplement la sciure de bois. Les éléments ainsi agencés sont souvent désignés sous l'appellation, d'ailleurs erronée, de *piles sèches*; ils présentent une grande commodité de manipulation et leur transport ne présente aucun inconvénient, aucun danger, aussi ces modèles ont-ils reçu de très nombreuses applications.

Les électro-aimants et les conducteurs des réseaux de sonneries présentant une résistance assez élevée, surtout lorsque les lignes ont une certaine étendue, il arrive que la force électromotrice d'une pile au sel ammoniac est insuffisante pour surmonter cette résistance. On est donc obligé de réunir plusieurs éléments afin de les faire travailler simultanément. Il existe deux méthodes différentes de coupler les éléments : 1° *en tension*, en reliant leurs pôles de noms contraires, le positif ou charbon de l'un, au négatif ou zinc de l'autre ; on additionne ainsi les tensions, mais aussi les résistances intérieures des éléments ainsi accouplés ; 2° en *quantité*, par leurs pôles de même nom ; dans ce cas, on n'augmente ni la tension ni la résistance, et c'est comme si l'on n'avait qu'un seul élément, mais de dimensions correspondant à celles totales des éléments ainsi associés. Toutefois, et pour les signaux électriques, on a rarement l'occasion d'employer la deuxième méthode et on ne fait guère usage que du couplage *en tension* ou *en série*.

Nous devons encore dire un mot des *transmetteurs électromagnétiques*, qui remplacent les piles sur certains réseaux, et, manœuvrés par la personne qui envoie l'appel, évitent la dépense de produits chimiques consommés par les piles, ainsi que le chargement et l'entretien des éléments. Ces appareils, qui sont à la fois des générateurs et des boutons d'appel, fournissent une tension élevée, égale à celle d'une batterie de piles composée d'un grand nombre d'éléments, et sont surtout avantageux sur les lignes de grand développement.

Dans le système combiné par l'électricien Abdank, une petite bobine recouverte d'un enroulement de fil fin est disposée de façon à pouvoir osciller entre les branches d'un aimant artificiel à branches recourbées en U s'ouvrant vers le bas. Si l'on saisit la poignée qui termine la tige mobile, et qu'après l'avoir écartée de sa position d'équilibre, on l'abandonne brusquement, la bobine, vibrant rapidement entre les pôles magnétiques de l'aimant, devient le siège de courants d'induction alternatifs qui parcourent la ligne et vont actionner une sonnerie polarisée.

Divers électriciens ont construit, pour le service des réseaux étendus, des machines magnéto-électriques basées sur un principe analogue. L'induit est un cylindre largement entaillé sur sa longueur pour recevoir le fil ; il reçoit un mouvement de rotation très rapide d'une manivelle, par l'intermédiaire toutefois d'une roue et d'un pignon dentés finement et donnant un rapport de 10 ou 15 à 1 c'est-à-dire qu'un tour de la manivelle fait exécuter 10 ou 15 révolutions à cet induit, qui tourne dans un champ magnétique créé par un aimant. Le courant est amené aux bornes par des frotteurs appuyant sur des bagues fixes. Cette magnéto fournit de bons résultats, mais elle est plutôt employée pour les lignes téléphoniques.

Nous en arrivons maintenant aux appareils d'intercommunication ou d'appel proprement dits, et dont le système le plus usité est le *bouton à contact* (fig. 16).

Sur un socle circulaire, en matière isolante quelconque, dont la périphérie est tournée en pas de vis à filets triangulaires pour recevoir un couvercle, se trouvent, fixées par de petites vis, deux lames minces et élastiques, dont les extrémités se superposent, mais en laissant entre elles un vide de quelques millimètres. Une rainure est ménagée dans le socle pour le logement des fils qui passent dans un trou pratiqué non loin de son centre. Les extrémités dénudées des fils sont serrées sous les vis maintenant les lamelles ; lorsque ces fils sont ainsi mis en place, le socle est fixé au mur par des vis (et non par des clous), et on le recouvre de son dessus. Ce couvercle, de même matière que le socle, est percé en son centre d'une ouverture circulaire destinée à donner passage à un petit bouton plein en porcelaine, pourvu d'un collet en saillie à sa base pour éviter de sortir par l'ouverture et de tomber. En appuyant du doigt sur ce bouton qui repose sur l'une des lames métalliques, on comprime celle-ci qui s'abaisse

Fig. 15 et 16. Bouton à paillettes et son socle.

et vient toucher la lamelle inférieure, permettant ainsi au courant de traverser le contact et de se rendre à l'appareil à actionner.

Telle est la disposition théorique d'un bouton d'appel; quant à l'aspect extérieur, il est extrêmement varié, et on peut affirmer qu'il en existe des centaines de modèles différents destinés aux usages et aux intérieurs les plus différents, si bien qu'on peut les choisir suivant le style et la teinte de tous les ameublements. Certains de ces boutons constituent même de véritables œuvres d'art et présentent, par la matière dont ils se composent et le travail d'ornementation qui les décore, une très réelle valeur artistique.

Le prix de ces appareils est donc très élastique; tandis que les modèles les plus simples ne valent que quelques sous, ceux en bronze ciselé, en marbre, en ivoire coûtent très cher ; dans cette catégorie d'objets, il y a de quoi satisfaire tous les goûts et répondre à tous les besoins, mais les modèles les plus usités sont ceux en bois, en ivorine et en porcelaine blanche ou décorée.

Fig. 17.— Interrupteur à manette.

Lorsqu'on désire que la sonnerie électrique ou le signal actionné par l'électricité fonctionne un moment sans cependant être assujetti à conserver le doigt sur le bouton qui rétablit le contact, on fait usage d'*interrupteurs* à manette, dont il existe des modèles extrêmement simples, montés sur bois verni, le socle supportant les plots de contact étant de forme circulaire ou rectangulaire (fig. 17). Quand le socle porte plusieurs directions, l'interrupteur se transforme en *commutateur*.

On désigne ordinairement sous le nom de *plaques de touche*, des planchettes en bois, marbre, os, ivoire, cuivre verni, nickelé, argenté ou doré, sur lesquelles on a réuni un certain nombre de contacts avec boutons d'appel. La figure montre une semblable plaque à quatre directions, au-dessus de chacune desquelles se trouve une plaquette d'ivoire portant en gravure, les désignations des correspondances. Le montage des fils sur ces contacts est analogue à celui des boutons ordinaires, mais, par suite d'une disposition des paillettes, on ne doit avoir, au sortir de la plaque de deux touches, que trois fils, l'un se dirigeant vers l'un des pôles de la pile et les deux autres vers les sonneries qu'ils doivent actionner. En conséquence, il ne sortira que quatre fils d'une plaque à trois touches, cinq d'une à quatre touches et ainsi de suite.

Le but de ce genre d'appel est de remplacer plusieurs boutons lorsque leur réunion sur un même point serait aussi encombrante que disgracieuse. Les plaques pour l'extérieur sont ordinairement métalliques, disposées verticalement, et protégées contre la pluie par un petit auvent (Voy. fig. 18, nos 10 et 11).

Pédales. — Ce genre de contact se place le plus ordinairement dans les salles à manger, au-dessous de la table, à proximité du pied du maître ou de la maîtresse de la maison, qui peuvent ainsi appeler leurs domestiques sans éveiller l'attention des convives. Il est utilisé également dans les bureaux pour prévenir les garçons de faire lever la séance aux visiteurs importuns, ou comme contact d'alarme que l'on peut faire sonner secrètement et sans que les personnes qui vous entourent puissent s'en douter.

Il existe trois modèles de pédales : celui à bouton simple, celui à double bouton, et celui à charnière (fig. 18, nos 22, 23, 24).

La pédale à bouton simple se compose de six parties : un disque de cuivre percé d'un trou par lequel passe la tige supportant le bouton, ce bouton lui-même, un cylindre de cuivre soudé au centre du disque et pourvu d'un ressort à boudin, un dé de bois servant d'appui à la paillette, la paillette opérant le contact, et, en dernier lieu, une vis disposée sous le disque et pouvant recevoir l'un des conducteurs.

Dans la pédale à double bouton, le disque est remplacé par une plaque carrée, à travers laquelle passe la tige de la pédale ; cette tige est terminée, à sa partie inférieure, par un bouton opérant le contact. Son seul avantage sur le premier modèle, consiste dans la plus grande facilité de montage, d'entretien et de nettoyage que possède cette disposition. Quant à la pédale à charnière, elle est constituée, comme la pédale à bouton simple, par une tige dont l'écartement est maintenu par un ressort à boudin antagoniste, et que l'on peut faire descendre jusque contre un contact en appuyant sur une petite trappe disposée obliquement et qui remplace le bouton des autres modèles. Quand on n'a pas à faire usage de cet appel, cette trappette peut être rabattue au niveau du parquet et hermétiquement fermée, de façon à ce qu'aucune ordure ne puisse s'introduire à l'intérieur du mécanisme ; on ne relève le taquet qu'au moment de faire usage de l'appel.

Poires. — Ce genre de contact se compose de trois pièces distinctes dont la réunion est nécessaire pour assurer le fonctionnement, et qui sont la poire proprement dite, le cordon souple recouvert de soie ou de coton, et un disque-rosace qui se fixe au mur ou au plafond. Le contact formé de deux paillettes isolées, garnies de demi-cercle en cuivre argenté, est contenu à l'intérieur de la poire et recouvert par une calotte vissée contenant le bouton sur lequel on doit appuyer pour opérer le contact et fermer le circuit (fig. 18, nos 26, 27, 28).

Le câble souple, composé d'une double torsade de fils très fins, dont les extrémités dénudées sont fixées sous chacune des deux paillettes, sort de la poire par une sorte d'embouchure en os visée à la pointe, et va s'attacher au disque-rosace dissimulant l'attache des fils de ligne. Ce disque contient deux petites bandes de cuivre posées à plat et dont chacune est en rapport avec un fil ; c'est sous ces bandelettes que prend le câble souple à deux conducteurs se rendant à la poire.

Ce modèle de contact est employé surtout pour les salles à manger, sur les suspensions desquelles on enroule le câble souple venant du plafond. Beaucoup de personnes préfèrent également ce genre d'appareil aux *tirages* (voyez plus loin), pour les chambres à coucher, car elles permettent de faire fonctionner la sonnerie d'appel sans avoir à sortir les bras de dessous la couverture. Ajoutons que les poires et les disques-rosaces se font en bois et en ivorine de toute teinte, tournées et sculptées, et en rapport avec l'ameublement des pièces où l'on doit installer ces appareils.

Interrupteurs. — Il existe de nombreux modèles d'interrupteurs, donnant le moyen d'établir une connexion durable entre les deux parties du circuit entre lesquel-

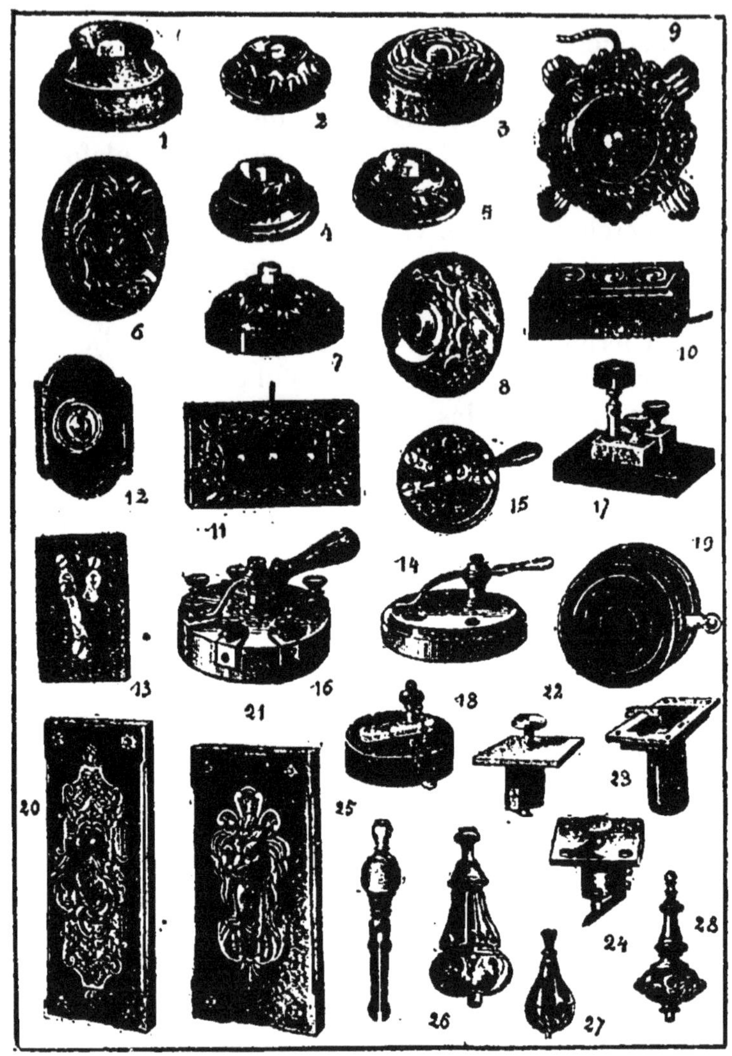

FIG. 18 à 46. — Contacts divers. — 1 à 9. Boutons-poussoirs, formes diverses. — 10, 11. Plaques de touche. — 12. Poussoir d'extérieur. — 13, 14, 15. Interrupteurs à manette. — 16. Commutateur à six directions. — 17, 18. Interrupteurs à cheville. — 19. Tirage. — 20, 21. Coulisseaux d'extérieur. — 22, 23, 24. Pédales, modèles divers. — 25. Presselle. — 26, 27, 28 Poires de contact pour l'intérieur.

les est opérée la solution de continuité. Le type le plus simple et le meilleur marché se compose d'une petite plaque de bois verni de forme rectangulaire portant, à droite et à gauche de la ligne médiane, un plot métallique surmonté d'une vis servant à serrer les fils conducteurs. Une lame mobile sur pivot et munie d'un bouton peut frotter sur l'un ou l'autre des plots, et sa course est limitée, à droite et à gauche, par deux petits rivets servant de butoirs. Suivant que cette lame touche l'un ou l'autre plot, correspondant à l'arrivée et à la sortie du courant, le circuit est ouvert ou fermé (fig. 18, nos 13, 14, 15, 16).

On donne également une forme circulaire à la planchette servant de socle, et la lame mobile, montée sur pivot, est terminée par une petite queue servant à la manœuvrer et à lui faire décrire un arc de cercle, le long duquel la lame vient frotter sur les plots d'amenée et de sortie du courant, l'un de ces plots étant d'autre part en communication avec le pivot, ce qui permet de n'employer qu'un plot unique.

L'interrupteur *à cheville* fournit le même résultat que le précédent. Sur un socle en bois ou en ardoise, se trouvent deux blocs séparés par un vide de quelques millimètres et en rapport avec les fils de dérivation. En intercalant entre ces blocs une cheville métallique ou *fiche*, munie d'une tête en matière isolante, on rétablit la communication entre les blocs et le courant peut passer de l'un à l'autre. Au lieu de blocs, on fait encore usage d'une plaque de laiton épaisse divisée en trois parties distinctes en relation, celle du centre avec le fil venant de la pile et les deux autres avec deux circuits distincts, que l'on peut ainsi fermer individuellement (fig. 15, n°s 17 et 18).

Lorsque l'interrupteur commande ainsi plusieurs circuits, il devient un *commutateur*, et le socle comporte alors autant de plots qu'il y a de directions à desservir. En faisant tourner la manette, de façon à placer la lame sur l'un ou l'autre de ces plots, on ferme le circuit de la pile sur l'un ou sur l'autre des appareils commandés par les différents circuits.

Coulisseaux. — La forme de ce genre de contact est

FIG. 47 à 51. — Coulisseaux et tirages pour portes cochères.

variée à l'infini, comme celle des boutons d'appel, cependant ils se composent toujours, en principe, d'une plaque disposée verticalement, et d'un bouton ou anneau de tirage dont le mouvement est mis à profit pour amener, au contact de lames fixes, des lames mobiles écartées des premières à l'état de repos. Les coulisseaux s'emploient surtout pour le tirage des sonnettes pour portes d'entrée d'appartement et de maison (fig. 15, n°s 20 et 21 et fig. 44 à 48). Leur forme extérieure est la même, qu'il s'agisse de sonnettes ordinaires à tirage, ou de sonneries électriques ; leur mécanisme intérieur seul diffère quelque peu, et le mouvement de bascule de l'anneau est mis à profit, dans ce dernier cas, pour amener le contact entre une paillette fixe, montée sur un dé isolant, et une paillette mobile rivée à l'extrémité d'un ressort.

Tirages et poussoirs. — Les contacts de tous genres, ne sont, à vrai dire, que des modifications de forme des boutons d'appel, et dont l'extérieur est modifié suivant qu'il est destiné à tel ou tel usage. Pour les portes d'entrée, on se sert souvent de *tirages* ou *poussoirs*, suivant que le courant passe et que le circuit se trouve rétabli en tirant ou en poussant. M. Mildé dit ce qui suit au sujet de ce genre de contacts :

Fig. 52. — Tirage de lit.

« Les tirages et les poussoirs extérieurs étant plus particulièrement exposés à l'humidité, réclament des précautions spéciales. Leur contact doit se produire sur des surfaces étendues et être bien assuré ; il doit s'effectuer sur la surface de deux paillettes bien isolées, et non sur deux paillettes dont l'une seulement serait isolée et l'autre fixée au massif. Il faut que l'ajustage du coulisseau ainsi que celui du poussoir soit bien exécuté, que leur ressort antagoniste soit très énergique et très liant, afin d'éviter les grippements qui pourraient occasionner des contacts permanents et, par suite, l'épuisement rapide de la pile. »

Dans les lits et au coin des cheminées, au lieu de poires, on se sert de tirages qui s'harmonisent mieux avec le luxe des tapisseries ou des tentures et rappellent les anciens cordons à tirer. Lorsqu'on tire, on fait toucher les deux paillettes qui ferment le circuit. Les cordons à gland dont on surcharge cet appareil étant quelquefois très lourds, il est nécessaire que le ressort de rappel soit fort, pour qu'il ne cède pas sous le poids de son ornementation. Le tirage doit avoir ensuite de longues surfaces de contact bien assurées et son rappel être liant et très énergique pour pouvoir soulever la passementerie dont il est surchargé (Voy. fig. 18, n° 19 et fig. 52).

Contacts de sûreté.— Il existe plusieurs modèles de contacts de ce genre et dont on peut apercevoir l'agencement dans la figure ci-dessous où nous avons réuni tous les dispositifs réalisés dans la pratique. Ils se rapportent à trois catégories principales. Dans la première, le contact se place dans les feuillures des portes et des fenêtres et sonne tant qu'elles sont ouvertes, et on désigne ce système sous le nom de *contacts de feuillure.* Dans la deuxième, la pose s'opère à l'extérieur et au niveau de la feuillure, il ne sonne qu'à l'ouverture et à la fermeture de la porte. On l'appelle *contact extérieur.* La troisième enfin, comprend les *contacts à pression*, et fonctionne lorsqu'on opère une pression sur l'une des pièces du contact, celui-ci étant dissimulé sous une marche d'escalier, sur le vantail d'une porte, sur un volet de fenêtre, etc. (fig. 53 à 64).

Le *contact de feuillure* se compose, en premier lieu, d'une petite plaque de cuivre de dix centimètres de longueur environ, sur deux centimètres de large et quatre millimètres d'épaisseur. Cette plaque est percée, à chacune de ses extrémités, d'un trou pour la pose des vis destinées à la fixer dans la feuillure, et au centre, d'un trou rectangulaire donnant passage à une demi-rondelle de caoutchouc durci. Sur un côté de cette plaque est fixé un fort ressort spiral, dont l'extrémité est pourvue

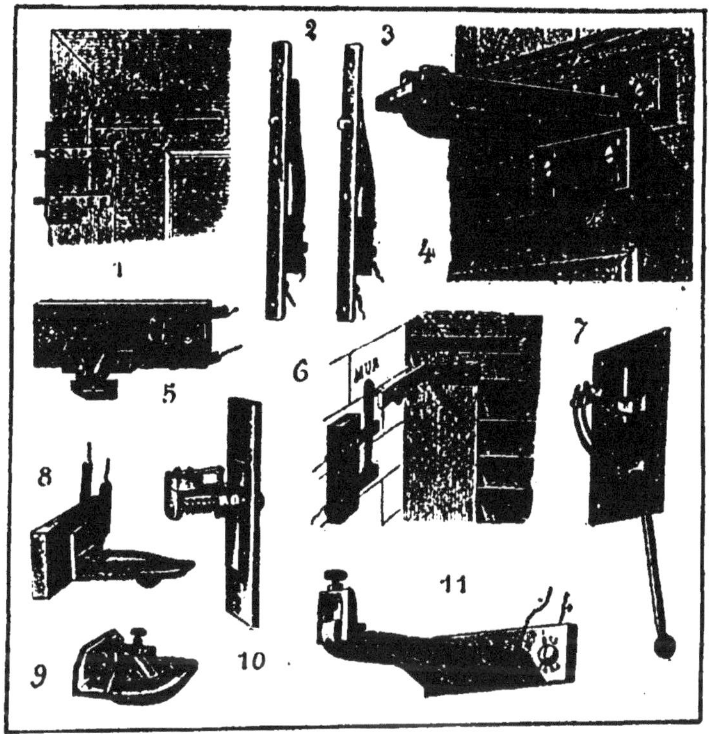

FIG. 53 à 61. — Formes diverses de contacts de sûreté. — 1. Contact de vantail. — 2, 3. Contacts de feuillure. — 4, 5. Contacts extérieurs. — 6, 7, 8, 9. Contacts à pression. — 10, 11. Contacts de porte.

d'un contact en argent, et garnie d'une demi-rondelle en ébonite qui, à l'état de repos, fait saillie à travers le trou rectangulaire. De l'autre côté se trouve un petit dé de même matière servant d'assise à une paillette de cuivre en rapport avec le fil conducteur. Le fonctionnement est aisé à comprendre : tant que la porte demeure fermée, le ressort est écarté du contact, grâce à la rondelle de caoutchouc qui est comprimée par le chambranle de la porte. Aussitôt que celle-ci est ouverte, le ressort vient appuyer sur la paillette, le circuit se trouve fermé et la sonnette résonne.

Le *contact extérieur*, lui, fonctionne en sens inverse de celui que nous venons de décrire. Au lieu de mettre les contacts en communication, à l'état de repos, il les tient éloignés l'un et l'autre, et c'est le frottement de la porte contre le chambranle qui les tient réunis lorsqu'elle est fermée. Lorsqu'on ne veut pas que la sonnerie tinte constamment tant que la porte est fermée, on fixe au vantail un *pied-de-biche* à ressort dont l'extrémité supérieure est à charnière et munie d'un petit ressort spiral qui force cette partie à se redresser verticalement dès qu'on n'opère plus de pression sur elle. Avec l'emploi de ce pied-de-biche, la sonnerie ne marche qu'au moment où l'on ouvre la porte, ou pendant qu'elle demeure entre-bâillée.

Le *contact à pédale*, qui se dissimule, ainsi que nous l'avons dit, sur une lame de parquet ou une marche d'escalier, exige la mobilité de cette lame ou de cette marche, qui doivent être montées sur deux petits tourillons pour pouvoir s'abaisser et appuyer sur un bouton en fer faisant office de pédale. La tige sur laquelle est fixé ce bouton force, en descendant, un ressort spiral à s'allonger et à venir au contact d'une paillette fixe reliée au fil conducteur amenant le courant. En se détendant, le ressort fait remonter la tige de la pédale et écarte les deux pièces du contact l'une de l'autre. Ce dispositif, qui n'est pas apparent, peut rendre de bons services, et avertir que quelqu'un s'introduit dans l'escalier ou dans la pièce protégée par ce contact. La sonnerie peut être, bien entendu, accrochée dans une pièce éloignée, de façon à ne pas être entendue de la personne qui la fait fonctionner à son insu. Ce système présente d'ailleurs de nombreuses variantes, dont nous indiquerons encore un exemple avant de clore ce chapitre.

Gâche électrique. — Pour se prémunir contre les importuns, les indiscrets et surtout se protéger contre les voleurs, nous conseillerons aux amateurs d'établir une serrure à gâche électrique de construction très simple, et que nous allons décrire.

Il suffit de fixer, à l'intérieur de la gâche, deux tiges de cuivre courbes, formant ressort et s'appliquant l'une sur l'autre à l'état ordinaire. L'une de ces tiges est en rapport avec un pôle de la pile ; l'autre se rend à une sonnerie en passant par un *commutateur* ordinaire.

Quand on ferme la porte et qu'on donne un tour de clé, la pression du pène sur la tige qui amène le courant l'éloigne de l'autre. Le circuit est alors ouvert et on peut mettre le commutateur sur la sonnerie. Si, par un moyen quelconque, un tour de clé en sens inverse, etc., on fait rentrer le pène dans la serrure, la tige de cuivre, par son élasticité revient sur elle-même, touche sa voisine, rétablit la communication et ferme le circuit entre la pile et la sonnerie, qui résonne bruyamment, au grand désespoir du visiteur inopportun, et jusqu'à ce qu'on ait refermé la porte à double tour ou brisé le circuit à l'aide du commutateur interrupteur.

CHAPITRE IV

INSTALLATION DES RÉSEAUX DE SONNERIES ET TABLEAUX INDICATEURS

Il est indispensable, quand on va exécuter un travail d'installation quelconque, qu'il s'agisse d'éclairage, de transport de force, de téléphones et de sonneries, de procéder méthodiquement, pour ne pas s'embrouiller et perdre inutilement du temps. Par conséquent, la première chose à faire, lorsque cette installation est résolue, c'est de dresser un plan du réseau, l'emplacement des appareils étant déterminé. La connaissance superficielle du dessin linéaire sera utile dans ces circonstances, car on pourra établir un plan exact (élévation, coupes latérales et vues en plan), à l'échelle de quelques centimètres par mètre. Les principales dimensions, distances et longueurs, seront mesurées sur place et ces mesures reportées sur les cotes du dessin.

En possession de cette pièce indispensable, on pourra calculer avec certitude les longueurs de fil qu'il faudra employer, et dresser la liste complète du matériel nécessaire dont il sera fait usage pour cette installation : éléments de pile, boutons d'intercommunication et autres appels, sonneries, tableaux, conducteurs, commutateurs, supports, etc. Une fois ce matériel réuni, on pourra commencer la mise en place en suivant scrupuleusement les indications du plan.

La première chose à faire est de monter la batterie de piles, qui devra se composer d'un nombre d'éléments en rapport avec la longueur des circuits à desservir. Pour une petite sonnette et 10 mètres de fil, un élément suffit ; il en faut deux pour 30 à 40 mètres de fil, trois jusqu'à 100 mètres, quatre pour 100 à 250 mètres, et ainsi de suite. Nous conseillons de choisir de préférence des éléments à agglomérés à sac, plutôt que ceux à plaques ou à vase poreux; ils fournissent un courant beaucoup plus intense. Pour mettre en action les piles de ce genre (éléments de 21 centimètres de hauteur), on les remplit, jusqu'à la hauteur du rebord du bocal, d'une dissolution de sel ammoniacal, que l'on prépare d'avance dans une cruche de grès en faisant fondre 80 grammes de ce sel par litre d'eau. Il sera avantageux de paraffiner le rebord des bocaux contenant les électrodes; par cette précaution on évitera l'ascension et le dépôt sur le verre des sels grimpants résultant de l'évaporation du liquide.

La batterie devra être déposée autant que possible dans un endroit frais et aéré, par exemple sous la cage de l'escalier, dans un couloir non humide, plutôt que dans la cuisine. Si cependant on était obligé de la placer dans un local chaud et humide, on les installerait le plus près possible du sol, et on les agencerait à l'intérieur d'une petite caisse en bois, afin de les préserver contre les accidents possibles, chocs, etc.

La pile une fois mise en place, ses éléments accouplés les uns aux autres et remplis de liquide excitateur, on peut songer à installer les fils conducteurs.

Il est presque toujours obligatoire d'effectuer des percements de murs pour donner passage à ces fils et éviter de trop longs parcours le long des murailles. Ce travail exige des soins particuliers si l'on veut éviter de causer des dégradations, et il est bon de l'avoir vu pratiquer par des ouvriers adroits avant d'essayer de l'exécuter soi même, autrement on risquerait de détacher les plâtras du mur et de détériorer les tapisseries ou papiers de tenture, ce qui obligerait par suite à des réparations coûteuses. C'est un travail de maçonnerie qu'il vaut donc mieux confier à un ouvrier. Une fois qu'il est achevé, on pourra commencer la pose des fils, divisés par sections ; on ne procédera à leur attache aux bornes de la pile qu'une fois l'installation complètement terminée.

Les fils sont supportés, à l'intérieur des appartements, sur de petites poulies en porcelaine ou des isolateurs tubulaires en os (fig. 65 à 74), appliqués verticalement contre les murs à l'aide de pointes à tête plate ou arrondie. Il ne faut pas perdre de vue que le fil positif doit toujours se rendre de la pile au bouton d'appel ; cette règle, adoptée par tous les électriciens, facilite les réparations ultérieures, car on peut toujours reconnaître la polarité d'un fil en un point quelconque du réseau sans être obligé de le suivre jusqu'à la pile. Cette distinction entre les deux pôles peut également être facilitée en adoptant des fils recouverts de guipage de coton de couleur différente pour chacun de ces pôles, par exemple une teinte neutre, dans la gamme du blanc pour le négatif, et une teinte foncée, bleu, rouge ou vert pour le positif. De cette façon, un seul coup d'œil permet de distinguer le positif du négatif et reconnaître auquel des deux on a affaire. On peut aussi employer à cette vérification du papier cherche-pôles ou un petit chercheur chimique.

Quand les fils doivent être tendus à l'intérieur d'un rez-de-chaussée humide, il ne faut employer que des conducteurs de haut isolement, c'est-à-dire recouverts d'une double épaisseur de gutta et de chatterton, protégées par deux guipages de coton. Dans le cas où l'hu-

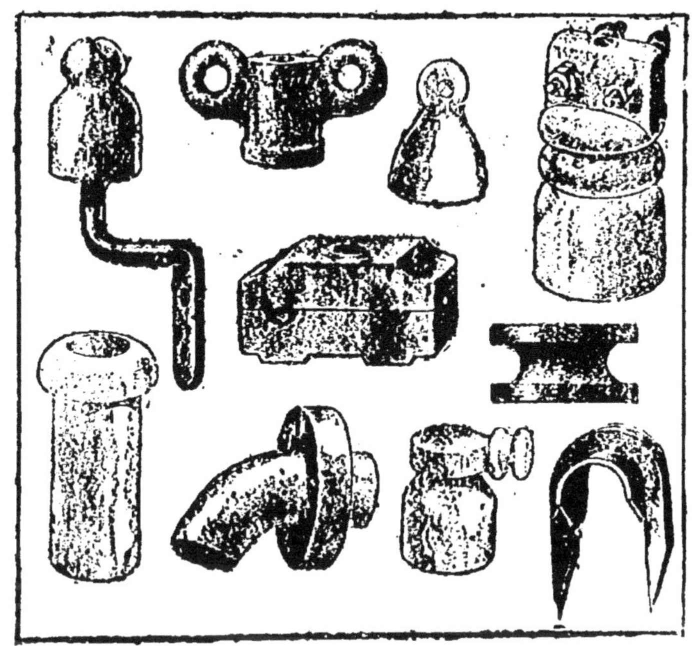

FIG. 65 à 74. — Isolateurs et supports. — 1. Isolateur cloche avec sa console. — 2. Isolateur à double oreille. — 3. Cloche à trou. — 4. Taquet porcelaine. — 5. Cloche à tête. — 6. Tube porcelaine. — 7. Entrée de porte coudée. — 8. poulie à gorge; — 9. Cloche-poulie. — 10. Casalier en fer émaillé.

midité serait constante et très forte, ces fils à haut isolement seront tendus sur des poulies ou des cloches en porcelaine émaillée semblables à celles employées pour les lignes télégraphiques; on évitera ainsi la déperdition de courant pouvant résulter des gouttelettes d'eau ruisselant sur ces supports.

Aux endroits de leur passage à travers les murs, les conducteurs seront protégés du contact avec la muraille par des tubes isolants en caoutchouc, carton durci, verre, etc., dans lesquels on les fait passer, et dont le diamètre est juste suffisant pour que ces fils ne frottent pas les uns sur les autres et ne touchent pas les parois. Il est bon de prendre la précaution, dans les angles saillants, d'entourer les fils venant toucher les murs, d'une garniture isolante en ruban chatterton que l'on enroule autour du conducteur auquel ce ruban adhère fortement.

Lorsqu'un réseau est d'une certaine importance, on peut mettre en place plusieurs fils en même temps et on emploie alors, au lieu d'isolateurs en os, des *cavaliers* en fer émaillés, que l'on cloue sur les murs et qui maintiennent les fils, préalablement revêtus au point de serrage, de ruban chatterton. Remarquons en passant qu'il ne faut pas *rouler* les fils autour des cavaliers, ainsi qu'on le fait avec les isolateurs en os, mais disposer ces cavaliers à une faible distance les uns des autres, pour maintenir les conducteurs en ligne droite et faciliter une modification ultérieure ou l'addition de nouveaux fils.

Les efforts d'une personne procédant à la pose d'une canalisation d'électricité doivent se porter principalement sur la conservation de l'intégrité de l'isolement du réseau, et la réussite dépend en grande partie de l'observation de cette règle fondamentale et de première importance.

Pour fixer ensuite les boutons d'appel sur les murs ou sur les boiseries, il est indispensable de les démonter et d'enlever les couvercles et les boutons-poussoirs. Le socle est ensuite mis en place et fixé à l'aide de vis; il faut exclure l'usage des clous pour cette attache, et le mieux consiste d'exécuter d'abord un tamponnage dans le mur à l'aide d'un morceau de bois dans lequel la vis pénétrera beaucoup plus aisément et qui fournira un point d'appui plus solide. En agissant ainsi, on n'aura pas à redouter de fendre en deux fragments le socle, ainsi qu'il arrive fréquemment quand on se sert de clous.

L'extrémité des deux fils de dérivation est dénudée sur une longueur de 15 millimètres, de façon à ce que le cuivre apparaisse bien brillant ; on fait pénétrer ces fils à l'intérieur du bouton par le trou ménagé à travers le socle, et on fixe alors celui-ci à la muraille. On donne à l'extrémité de chaque fil le contour d'un anneau en le tournant en boucle, on applique cet anneau sur chacune des lamelles de contact et on le maintient en serrant sur lui une des petites vis fixant la lamelle au socle. Cela fait, on peut revisser le couvercle sans oublier d'y placer le bouton-poussoir central.

S'il s'agit de poser des poires d'appel ou des tirages comportant un cordon souple, il faut plus de soin et de précaution pour éviter de détendre ce cordon de soie ou ternir le vernis de la rosace servant de couvre-joint entre les fils principaux et le cordon. Remarquons en passant qu'il est hautement préférable, quand on a à travailler dans des endroits humides, de substituer aux boutons en bois ordinaire des boutons en matière isolante et insensible à l'action prolongée de la vapeur d'eau, telle que l'ébonite, la fibre, l'ivorine, l'ardoise, etc. On peut encore prévenir l'influence néfaste de l'eau qui s'introduit à la longue, en gouttelettes ténues, à l'intérieur des appareils, en intercalant entre le socle et le mur un petit disque de plomb ou d'étain.

« Lorsqu'on veut exécuter convenablement la pose d'une pédale à bouton, dit un spécialiste, l'électricien italien Humbert Zéda, dans un ouvrage qui a été traduit dans toutes les langues, et dont nous avons modifié nous-même l'édition française, on commence par entailler le parquet, de manière à encastrer le disque ou la plaque de laiton dans le bois, jusqu'à ce qu'il affleure le niveau des lames de ce parquet. Cette entaille opérée, on attache les extrémités du fil à double conducteur, que l'on fait passer sous le parquet, pour le fixer, l'un à la vis placée au-dessous du disque, l'autre à la petite rondelle placée sur la tête de la grosse paillette. Cela fait, on met la pédale en place et on la fixe dans le parquet avec deux vis, dont les trous préparés à l'avance dans le disque, indiquent la place. Il est entendu que le conducteur, qui a été introduit à l'aide d'un fil de fer sous le parquet, soit par l'entaille de la plaque d'appui de la pédale avant sa pose, soit par le percement qui donne accès sous ce plancher, doit être retiré vers le trou qui le met en communication avec le réseau général.

« La pose des pédales et boutons à charnière s'exécute d'une manière analogue à celle qui vient d'être indiquée ; mais pour cette dernière, il faut avoir soin, après avoir solidement réuni l'appareil au plancher, d'attacher un des conducteurs du câble double à la vis posée sous la boîte en cuivre du côté de la paillette, et l'autre conducteur à la première vis placée en tête de cette paillette.

« Pour poser un contact de feuillure ou de sûreté, on pratique dans l'épaisseur du battant de la porte, près de son angle d'ouverture, une entaille suffisante pour loger l'appareil en ne laissant dépasser que la demi-rondelle d'ébonite, puis, après avoir fixé les deux conducteurs à leurs extrémités l'un sous la vis placée près du dé d'ébonite, l'autre sous la première vis servant à fixer la paillette sur ce dé; on rattache la plaque de cuivre à la feuillure au moyen de deux vis que l'on enfonce à travers les trous percés à chaque extrémité de la plaque. De cette façon, celle-ci ne dépasse pas la porte, et, seul, le dé isolant fait saillie extérieurement. Quand la porte sera fermée, le chambranle obligera la demi-rondelle, à rentrer dans l'intérieur de la feuillure, ce qui éloignera l'une de l'autre les lamelles élastiques constituant le contact, mais, aussitôt que l'ouverture de la porte rendra la feuillure libre, la demi-rondelle, sous la pression du ressort intérieur fermera le circuit et le courant parviendra à la sonnerie qui résonnera tant que le vantail ne sera pas refermé, forçant alors le dé à rentrer dans son logement en interrompant ainsi la communication entre les lames conductrices.

« Les contacts extérieurs à fonctionnement intermittent n'exigent aucune entaille dans la feuillure. Il suffit, après avoir fixé les deux fils conducteurs, chacun sous l'une des vis servant d'attache aux ressorts ou aux lames élastiques, de fixer la partie supérieure de l'appareil avec trois vis (dont les trous percés à l'avance indiquent l'emplacement), au-dessus de la porte, à niveau de la feuillure, et à 20 ou 30 centimètres de l'extrémité du vantail, du côté des gonds. D'autant plus près de la feuillure aux gonds sera posé le contact de sûreté, d'autant plus longue sera la durée du fonctionnement de la sonnerie.

« Pour poser les contacts de sûreté à pédale sous les

lames de parquet, des seuils de porte, des marches d'escaliers, etc., il est nécessaire de rendre au préalable mobile en la montant sur deux tourillons, la lame sous laquelle on dissimule ce contact. Cette précaution prise, on attache les fils conducteurs aux vis des paillettes, de la même façon que s'il s'agissait d'un bouton ordinaire ou d'une pédale à bouton, en ayant soin que ce bouton se trouve perpendiculairement en dessous du point d'appui de la marche ou de la lame mobile. »

Une fois que l'on a mis en place, en suivant ces instructions, les divers boutons et contacts du réseau, on accroche la sonnette, et le tableau-annonciateur s'il y en a un, dans l'emplacement à ce destiné, et à la hauteur

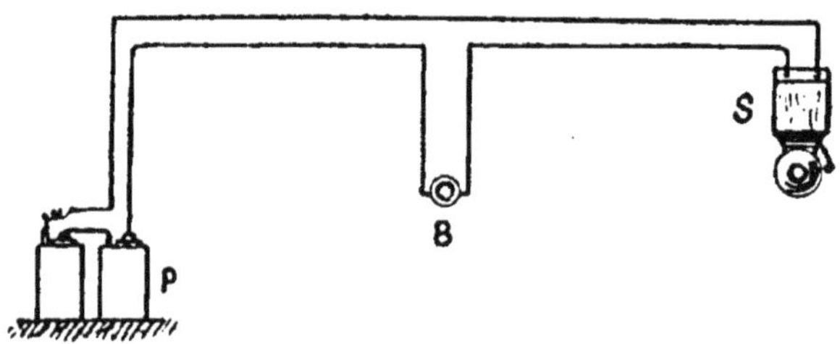

Fig. 75. — B, bouton d'appel P, pile. S, sonnerie.

voulue. On tend ensuite le fil négatif directement du pôle zinc de la pile à l'une des bornes de la sonnette, tandis que le fil positif venant du pôle charbon se divise en autant de dérivations qu'il y a de boutons d'appel, dérivations qui s'attachent à l'une des paillettes de ces boutons. De l'autre paillette libre de ces boutons partent d'autres dérivations se réunissant en un fil unique qui va s'attacher à la borne libre de la sonnette. Ce fil est désigné sous le nom de *fil de retour*.

Telle est la disposition qui doit être donnée à un réseau comportant un nombre quelconque de postes d'appel actionnant une sonnerie unique. Il est facile de se rendre compte, par l'examen de la figure 75 que, par cet agencement, la sonnette ne peut pas carillonner, mais dès que l'on ferme le circuit en appuyant sur l'un des contacts, le courant circule librement de la pile à la sonnerie qui entre instantanément en action. Ces contacts sont disposés *en dérivation* sur les fils principaux se rendant de la batterie à la sonnette, c'est-à-dire que l'on renvoie le pôle positif à chacune des paillettes de droite de chaque bouton, par exemple, et que les fils

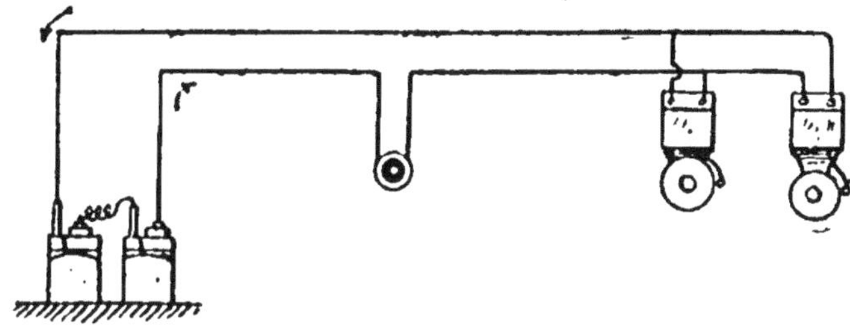

FIG. 76

venant de l'autre paillette de chacun de ces boutons vont à l'une des bornes de la sonnerie, après avoir été réunis ensemble chaque fois qu'ils se rencontrent pour éviter une dépense inutile de fils.

La pose d'un appel pouvant commander simultanément deux sonnettes peut être opérée par des méthodes différentes. On peut, par exemple, réunir les deux appareils sonores en série ou en tension, mais ce procédé est assez rarement appliqué dans la pratique, car il exige que les électros des deux sonneries aient exactement la même résistance et que les mouvements des armatures soient synchronisés. On préfère donc recourir à la méthode de la dérivation, telle que le montre la figure 76 et grouper les deux sonneries sur les deux fils principaux venant de la pile. Ce système est surtout employé dans le cas où l'on veut contrôler l'appel envoyé par l'interrupteur. L'une des sonnettes est alors placée non loin du bouton, de manière que, si la personne qui appelle l'entend résonner, elle peut être certaine que le courant a bien traversé aussi le fil de l'électro de l'autre sonnerie, et que, par conséquent, celle-ci

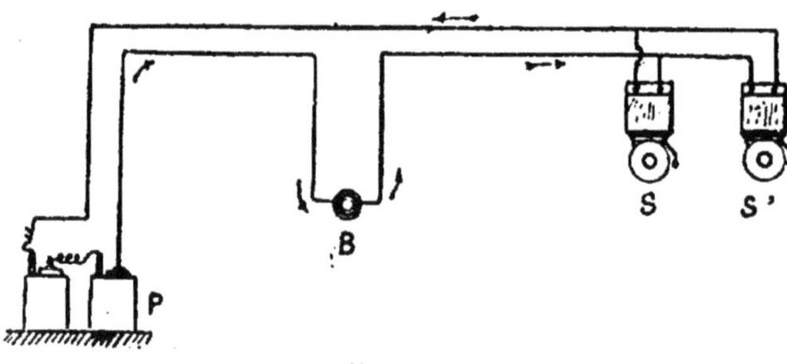

Fig. 77.

a bien fonctionné ; on dispose encore les sonneries en dérivation quand il doit s'en trouver plusieurs sur le même réseau ; on a ainsi une entière sécurité. Pour utiliser au mieux l'énergie de la batterie, il faut, dans ce cas, la subdiviser en plusieurs groupes comportant chacun le même nombre d'éléments réunis l'un à l'autre en quantité, ces groupes étant couplés à leur tour en tension les uns avec les autres. Ce couplage mixte, en quantité et en tension, permet d'obtenir un courant plus intense, la résistance se trouvant réduite.

Ces installations sont les plus simples qui se rencontrent ; mais il existe de nombreuses combinaisons répondant aux divers besoins de la pratique ; nous en décrirons quelques-unes en nous aidant de figure schématiques sans lesquelles nos explications seraient forcément diffuses et incompréhensibles.

Dans l'agencement de la figure 78, deux boutons *a*, *b* actionnent individuellement deux sonnettes A et B. Le fil positif se rend à ces deux boutons, et les fils sortant de ces contacts se rendent séparément chacun à la sonnette qu'ils doivent desservir. Le pôle négatif, lui, parvient par deux fils se bifurquant en route aux deux sonnettes. Chaque bouton actionne donc une sonnerie distincte, mais une pile unique met deux parties en dérivation, pour les actionner séparément ou simultanément.

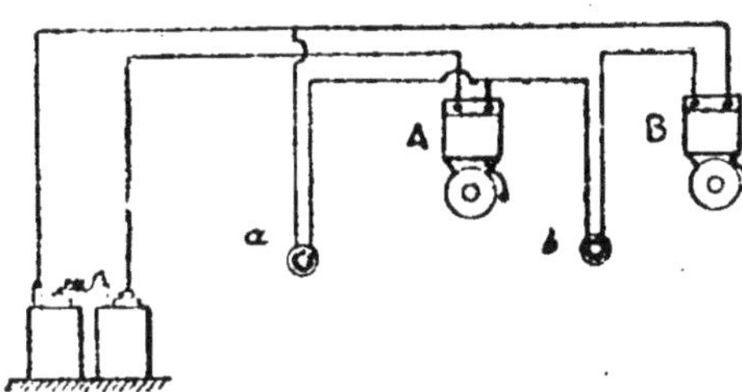

FIG. 78.

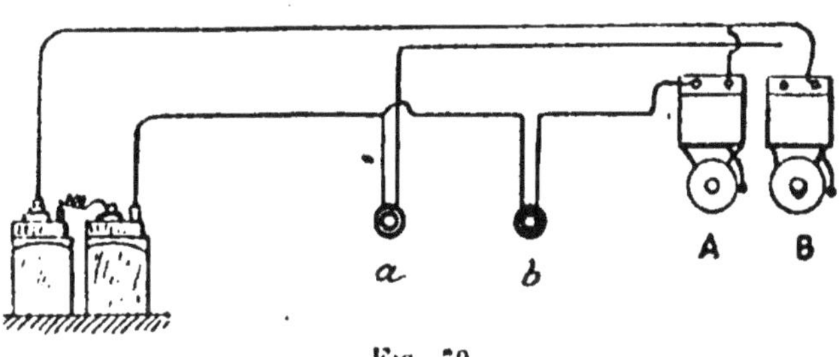

FIG. 79.

Notre figure 79 représente l'agencement d'un bouton *a* commandant une sonnette A et d'un bouton *b* qui fait agir simultanément les deux sonneries A et B. Comme il n'est pas toujours possible d'envoyer directement le pôle positif aux boutons et le négatif aux sonneries, et c'est justement le cas dans cette installation, pour ne pas se tromper dans la pose des fils, il faut prendre, ainsi que nous l'avons déjà dit, des conducteurs recouverts de guipages de coton de teintes différentes afin d'éviter de les confondre les uns avec les autres. Les deux sonneries étant couplées ici en série ; il est donc indispensable que la résistance de leurs électros soit identiquement la même sans quoi celle qui aurait la moindre résistance entrerait seule en action, tandis que l'autre, ne recevant aucun courant, ne vibrerait jamais.

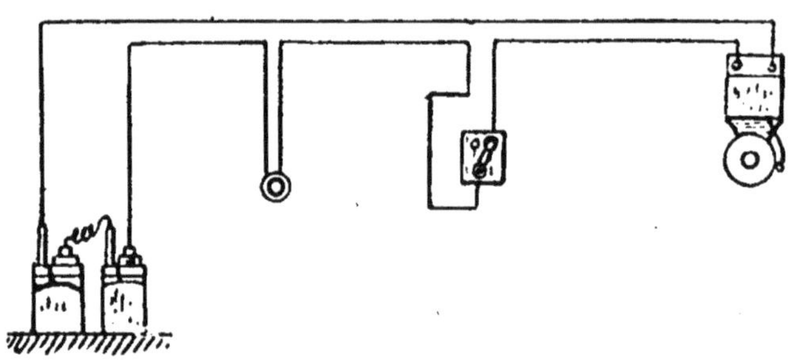

FIG. 80.

Il arrive fréquemment que l'on a besoin d'actionner, avec un seul bouton, l'une ou l'autre de plusieurs sonnettes disposées dans des pièces différentes de la maison, par exemple lorsqu'on veut appeler, depuis sa chambre à coucher, son domestique qui couche à un étage supérieur, mais peut aussi, quand on l'appelle, avoir quitté sa chambre et être descendu à la cuisine. Ce résultat peut être obtenu par l'interposition d'un commutateur à deux directions (fig. 80) permettant d'envoyer à volonté le courant dans la sonnerie de la chambre d'en haut ou dans celle de la cuisine. Lorsque la manette du commutateur est sur le plot mort central, aucun courant ne passe ; il faut la déplacer à droite ou à gauche pour actionner la sonnette de nuit ou celle de jour. Ce commutateur est placé, bien entendu dans la chambre à coucher du maître, à proximité de la tête du lit. S'il est disposé dans la chambre du domestique, c'est celui-ci qui pousse la manette pour fermer le circuit sur la sonnette de sa chambre ; le lendemain matin, avant de redescendre à l'appartement, il met la manette sur l'autre plot ; le circuit est alors interrompu sur cette son-

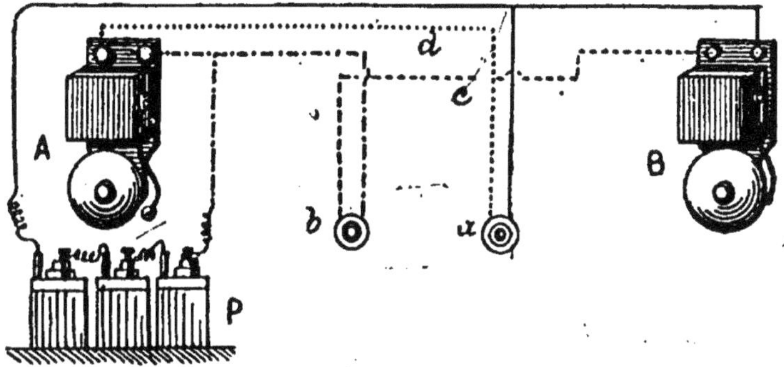

Fig. 81. — Appel et réponse.

nette et établi, au contraire sur la sonnette de l'appartement. Les deux dispositions ont chacune leurs avantages et leurs défaut, et ce sont les circonstances qui déterminent l'emplacement convenant le mieux au commutateur.

L'interrupteur est indispensable dans les installations de contacts de sécurité, surtout lorsque ces contacts sont à effet continu, et sa mise en place est si simple qu'elle ne nécessite aucune explication particulière. Mais les commutateurs rendent d'autres services car ils remplacent les boutons et permettent d'envoyer le courant dans plusieurs directions différentes à volonté.

Mentionnons encore les installations de deux postes distincts, formés chacun d'une sonnette et d'un bouton, avec pile unique et trois fils de ligne, permettant l'appel et la réponse, chaque bouton actionnant la sonnette se trouvant la plus éloignée de lui (fig. 81).

Dans cette disposition, le fil positif (charbon), se rend à l'une des bornes de la sonnerie A (fig. 82) et

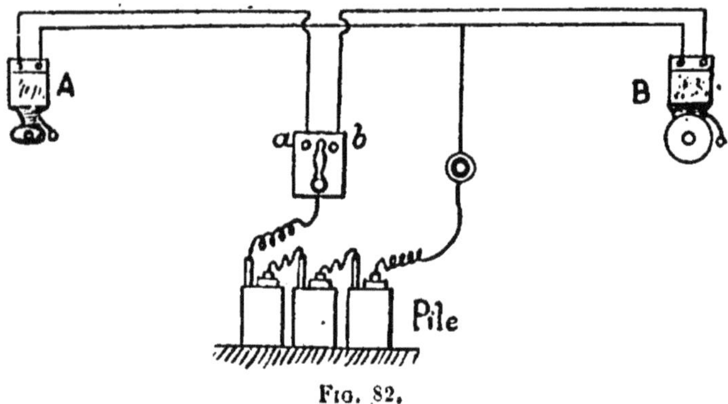

Fig. 82.

de là à l'une des paillettes du bouton *b*. Il en est de même pour le fil négatif (zinc), qui va à l'une des paillettes du bouton *a* et de là à la sonnerie B. Un fil secondaire *c* réunit la borne libre de la sonnette B à la paillette libre du bouton *b*, et un autre, *d*, relie la borne libre de la sonnette A à la paillette libre de la sonnette A.

Dans cette disposition, on doit donc faire usage de trois fils de ligne. En recourant à une méthode indiquée par M. Zéda, et que représente la figure 83, on peut n'en avoir que deux, et même un seul si l'on se sert de la terre comme conducteur de retour. Toutefois ce dernier procédé ne présente d'avantage au point de vue économique, que si la distance entre la pile et la sonnette dépasse 150 à 200 mètres. On évite la dépense du fil de retour, mais il faut établir des *prises de terre* formées d'une large plaque de cuivre enfouie dans un sol humide, et employer des batteries de piles plus puissantes, en même temps que des électros à fil très fin d'une grande résistance, et la dépense est souvent plus élevée que celle résultant de l'emploi d'un deuxième conducteur pour le retour.

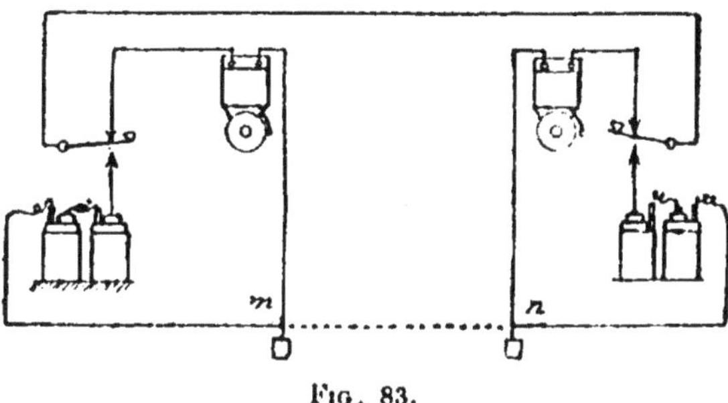

Fig. 83.

Dans certaines circonstances spéciales, on fait usage de boutons d'appel de forme particulière, dits *à trois contacts*. Dans ces boutons, le ressort mobile est en communication permanente avec le fil de ligne, et, dans sa position de repos, il touche une pièce métallique à laquelle aboutit le fil venant de la sonnerie. Quand on appuie sur le ressort, celui-ci vient au contact d'une seconde pièce métallique en relation électrique avec le pôle positif de la pile. Ce bouton fonctionne donc un peu comme le levier d'un manipulateur télégraphique Morse. L'autre pôle de la pile va rejoindre le fil de sa propre sonnerie et donne naissance à un second fil de ligne pouvant être remplacé par une prise de terre (fig. 84).

Pour suivre la marche du courant dans ces interrupteurs, supposons que le bouton est repoussé et le contact opéré. L'électricité arrivant du pôle positif de la pile, traverse le contact inférieur et pénètre, par le ressort central, dans le fil de ligne. Au poste d'arrivée, elle passe d'abord dans le ressort du milieu du bouton, et, par l'intermédiaire du contact supérieur, le bouton étant

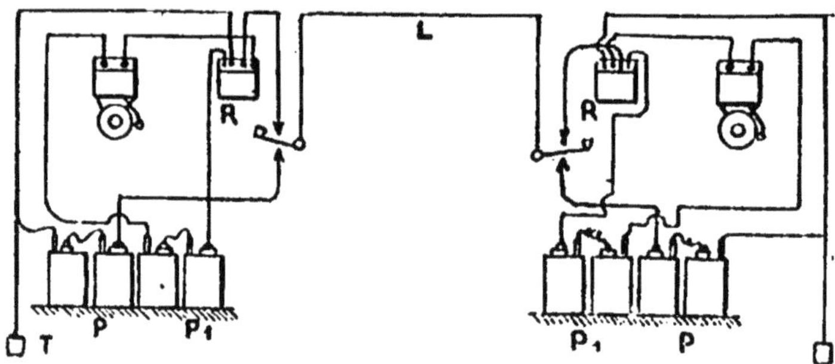

FIG. 84.

dans la position de repos, elle arrive dans la sonnerie qui entre aussitôt en action. Le courant sort par l'autre borne de la sonnette et revient par le fil de retour ou par la terre au générateur qui lui donne naissance.

Dans le cas où il est nécessaire de conserver au signal d'appel une grande sonorité, lors que le courant lui est envoyé de très loin, on emprunte l'énergie motrice à une pile locale, disposée à quelques mètres de distance seulement de la sonnerie. Le courant de cette pile est substitué à celui circulant dans la ligne, par le jeu d'un appareil appelé *relais*, disposé comme on peut le voir en R dans la figure 84 ci-dessus. Cet appareil agit un peu à la façon d'un commutateur automatique qui met dans le circuit de la pile locale la sonnerie d'appel pour la retirer ensuite, lorsque le courant très affaibli provenant de la station de départ, est coupé et ne lui parvient plus.

Un *relais* (fig. 85) se compose d'un électro-aimant en fer à cheval dont les bobines sont entourées d'un fil très fin, par conséquent très résistant, et que traverse le courant de la ligne. En devenant ainsi actif, cet électro agit sur une armature polarisée, qui, dans son mouvement de déplacement, ferme automatiquement un circuit indépendant dans lequel se trouve une sonnerie avec sa pile motrice. Cet appareil possède donc quatre bornes; les deux du milieu reçoivent, soit les deux fils de ligne, soit un fil de ligne et un autre conducteur se rendant à la prise de terre. Les deux bornes latérales reçoivent les fils venant, l'un du positif de la pile locale, l'autre d'une borne de la sonnerie. cette dernière étant réunie par un autre fil partant de sa borne libre et qui se rend au pôle négatif de la pile.

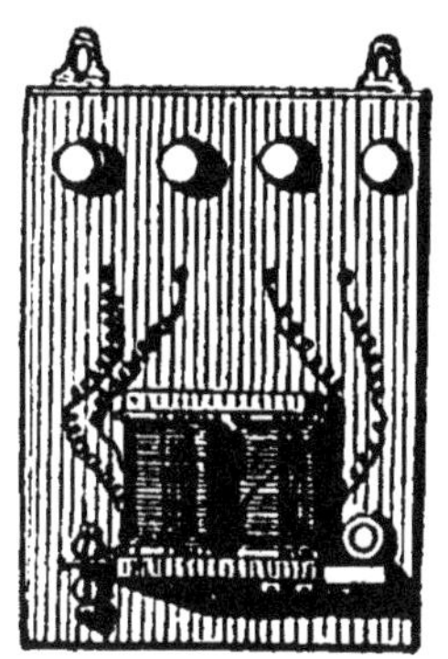

Fig. 85.

Pour la commande à grande distance des signaux sonores, on utilise fréquemment la disposition représentée par le schéma de la figure 86, et qui est connue sous le nom de méthode à circuit fermé, parce que le courant de ligne circule constamment dans l'électro du relais. Celui-ci est établi de telle manière que la pièce en forme d'ancre qui est chargée d'établir le contact et fermer le circuit, ne puisse jouer que quand elle est laissée libre, c'est-à-dire lorsque le courant de ligne est interrompu. Le courant nécessaire pour actionner l'appareil est ordinairement produit par une batterie de piles à courant constant, telles que des éléments au sulfate de cuivre Daniell ou Callaud, et non par des piles à sel ammoniac qui se polarisent trop rapidement. Cet agencement peut être employé comme moyen de sécurité ou d'alarme dans diverses circonstances, par exemple lorsqu'on ouvre la porte ou la fenêtre ainsi protégée ou qu'on tire le vantail du coffre-fort, on interrompt le circuit, l'armature du relais dégage l'ancre et ferme par conséquent le circuit de la pile sur la sonnerie, laquelle, en temps ordinaire, peut être mise hors circuit à l'aide d'un interrupteur à manette.

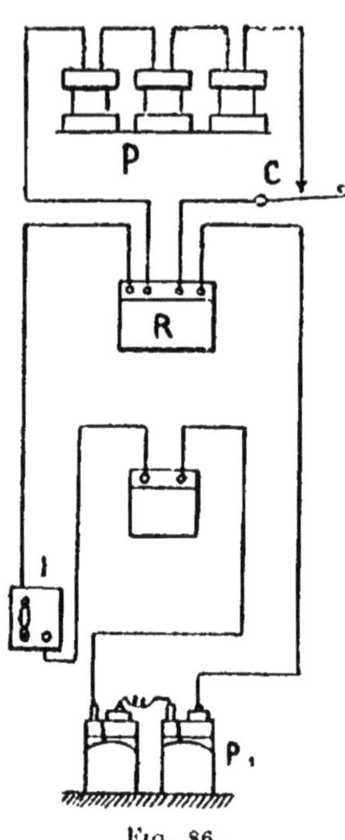

Fig. 86.

Grâce à cette disposition peut-être un peu compliquée, si l'on prend la précaution de mettre la pile, le relais, la sonnette et son interrupteur dans la pièce occupée par les surveillants de nuit, on aura une sécurité absolue contre l'effraction. Apercevant les fils courant le long des murs un cambrioleur n'aura rien de plus pressé que de les couper, croyant ainsi se mettre à l'abri de tout dérangement intempestif pendant son petit travail. Or, il obtient, avec ce système de relais, un résultat diamétralement contraire, car, aussitôt le courant interrompu dans l'électro par la section des fils, le contact se produit et la sonnerie se met à carillonner, révélant ainsi aux gardiens la tentative de vol qui est en train de se commettre.

Telles sont les principales combinaisons de signaux sonores qui se rencontrent dans la pratique. Il existe encore d'autres genres d'installations, mais nous n'avons pas la prétention d'épuiser ce sujet en un seul chapitre, supposant d'ailleurs que nous avons indiqué le principal et montré comment on doit agir pour réaliser un agencement de sonnettes quelconque en partant des principes qui ont été énoncés dans ces quelques pages. Nous terminerons en disant quelques mots sur l'installation des réseaux comportant un ou plusieurs tableaux-annonciateurs.

La pose de ces tableaux est assez simple. On commence par accrocher la boîte au mur à l'aide de deux forts clous à crochet dans lesquels on enfile les agrafes dont la boîte est munie en haut, puis on met les divers fils en place sur les bornes en suivant, dans la plupart des cas, l'ordre suivant.

A la première borne, on met le pôle charbon ou positif de la pile; à la deuxième, le pôle zinc ou négatif, à la troisième le fil de la sonnette, à la quatrième le fil correspondant au premier guichet ; à la cinquième, sixième, etc., les fils correspondant au deuxième, troisième guichet. Quel que soit le nombre de ces guichets, l'ordre de succession des bornes d'attache est toujours le même sur tous les tableaux. S'il s'agit de deux tableaux marchant ensemble l'un par l'autre, il faut ajouter à la droite de chacun d'eux une dernière borne, en communication avec la paillette antérieure du bouton-poussoir commandant la disparition du signal.

De sorte que, pour un tableau de 10 numéros, il faut 14 fils de ralliement. On les mène tous à la fois, sans chercher à les distinguer, et après les avoir attachés et tendus proprement au premier tableau, au rez-de-chaussée. (Nous supposons que le tableau de départ se trouve au rez-de-chaussée et celui d'arrivée à un étage.) Bien entendu, si les fils doivent traverser des tubes, on a commencé par mesurer le parcours, et on les a coupés un peu plus longs.

Pour reconnaître les fils quand ils sont arrivés auprès

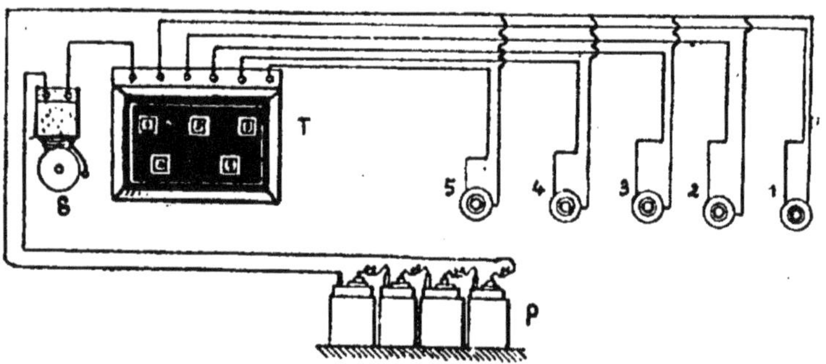

FIG. 87. — Montage d'un tableau à cinq numéros.

du tableau supérieur, on fixe provisoirement à portée de celui-ci une sonnette, après avoir apporté une pile auprès du tableau inférieur, et avoir attaché à l'un de ses pôles le premier fil ôté de ce tableau inférieur, et avoir fixé à l'autre pôle un fil auxiliaire que l'on a monté, en le laissant flotter par l'escalier ou le plus court chemin jusqu'à l'une des bornes de la sonnette placée auprès du tableau supérieur ; puis prenant d'une main le faisceau des fils à reconnaître, on présente de l'autre à la deuxième borne de la sonnette successivement toutes les extrémités dénudées de ces fils; un seul fera sonner : ce sera évidemment celui de la borne n° 1 du tableau. On l'attachera à sa place du haut, puis on descendra l'attacher en bas ; et, avant de remonter, on ôtera le fil de la borne n° 2 du tableau inférieur pour l'attacher au pôle libre de la pile. Et ainsi de suite.

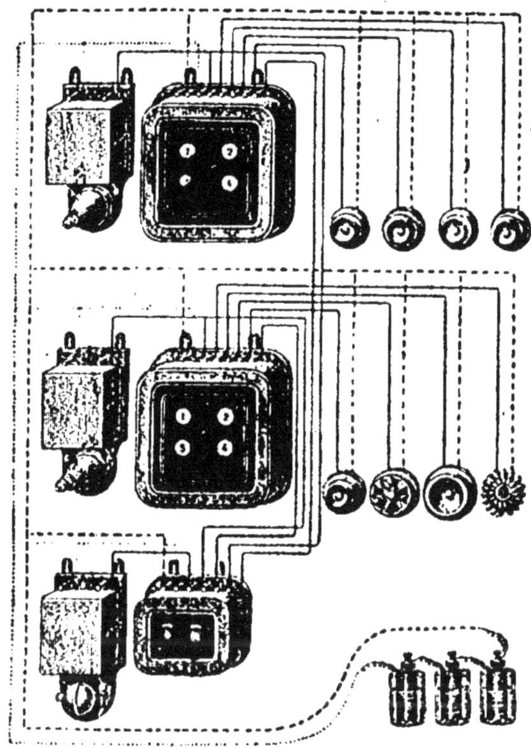

Fig. 68. — Agencement de deux tableaux indicateurs avec répétiteurs.

Tous les fils des tableaux étant reconnus, on ajoute à leur faisceau les autres fils partant du bas et devant monter avec eux. Le faisceau étant complet, est dès lors tendu proprement et bien soutenu par des crochets convenables et en nombre suffisant. On arrive au premier étage, où l'on fixe tous les fils de ligne qui doivent s'y arrêter ; on établit tous les branchements à faire sur le fil cuivre et sur le fil zinc. On n'a fait jusqu'ici que couper à longueur convenable et attacher provisoirement chaque fil autre que les fils de ralliement du tableau, arrivé près de son point de destination. Ce n'est que lorsque tous ces conducteurs sont arrivés à ce point qu'on achève le montage, en dénudant l'extrémité de chaque fil, ainsi que nous l'avons déjà expliqué, et qu'on les introduit dans les trones des bornes, dont on serre ensuite les vis, et dans les bornes de la sonnerie.

La pose d'un tableau portant sa sonnerie s'effectue exactement comme celle d'un tableau ordinaire, mais en observant qu'il n'y a pas de borne S (sonnerie), car, dans le tableau, le fil allant ordinairement à cette borne, va à l'une des bornes cachées dans la boîte du tableau de la sonnette, et une dérivation du fil zinc se rend à l'autre (Voy. fig. 87 et 88).

En ce qui concerne la mise en place des conducteurs d'un réseau de sonnettes, nous donnerons quelques renseignements succincts. Pour leur diamètre, on ne prend jamais au-dessus du n° 4 de la jauge décimale, soit 9/10e de millimètre de section, et l'on prend du n° 5 ou du 6 (11 et 12/10e) pour les fils de pôle. Plus le fil est fin et plus il faut d'éléments de piles pour desservir le réseau.

Les fils doivent être correctement tendus sur des taquets en bois ou des isolateurs en os, s'ils ne sont que deux ou trois au plus sur la même ligne; il vaut mieux, s'il y en a davantage, les maintenir, comme cela a été dit, par des cavaliers en fer émaillé ou vitrifié, qui seront enfoncés avec précaution pour ne pas briser l'émail. Dans le passage d'une pièce à une autre si les tapisseries ou papiers sont de couleurs très différentes et qu'il n'y ait pas moyen de dissimuler les conducteurs sous des moulures ou dans des tubes, on les coupe à la longueur voulue et on les continue par d'autres recouverts d'un guipage de couleur appropriée, après les avoir reliés aux précédents par de solides ligatures recouvertes ensuite d'isolant.

Il est très important de savoir bien opérer les raccordements qu'on appelle torsades et ligatures, car l'isolement de tout un réseau est souvent détruit par une seule connexion mal faite et donnant de faux contacts ou causant des courts-circuits ou des pertes à la terre.

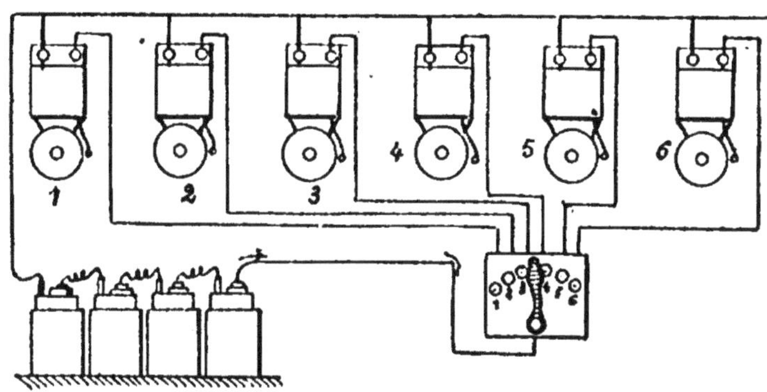

Fig. 89. — Agencement de six sonnettes d'appel commandées par un commutateur.

Voici donc comment on doit procéder : On commence par dérouler à l'extrémité de chacun des fils à réunir, le guipage qui les recouvre, en ayant soin de ne pas le rompre, et de manière à découvrir quelques centimètres de l'enduit isolant. On enlève toute la partie de cette matière, qui est découverte, au moyen de ciseaux, et on rend le métal bien nu et bien brillant. Alors on pose l'un sur l'autre, en croix, à angle droit, les deux bouts de cuivre dénudés, en ayant soin que le point de rencontre soit une distance d'un centimètre environ de la limite à laquelle s'arrête la dénudation du métal ; puis on imagine une ligne droite partant du point de rencontre et divisant en deux parties égales chacun des deux angles, formés par chaque extrémité du cuivre nu et l'arrivée de l'autre fil qui lui est voisine, autrement dit, on mène les bissectrices de ces deux angles, et c'est une seule et même ligne droite, ces angles étant opposés par le sommet. Cette ligne droite est l'axe autour duquel on va faire tourner chacun des dits côtés de l'angle droit considéré, en ayant soin de lui conserver son inclinaison de 45° sur cette bissectrice. Pour cela, maintenant les deux fils en croix, fortement serrés en leur point de rencontre, par l'extrémité d'une pince plate ou simplement par le pouce et l'index de la main gauche on saisit à la fois entre le pouce et l'index de la main droite (et non pas dans une pince plate ; une pince spéciale dite *à torsade espagnole* a été imaginée pour cet usage, mais n'est nullement indispensable pour ces petits fils de sonnerie) l'extrémité du cuivre dénudée et l'arrivée de l'autre fil, qui forment un V, et l'on tord, à partir du sommet de l'angle, en serrant (dans le sens dextrorsum), en ayant soin, nous le répétons, de ne pas augmenter ni diminuer cet angle. Puis on en fait autant pour l'angle opposé par le sommet en faisant la torsade bien serrée, jusqu'à la limite de dénudation ; on coupe ensuite avec des ciseaux, les extrémités de fil dénudé qui sont en trop ; on abat les bavures de la section au

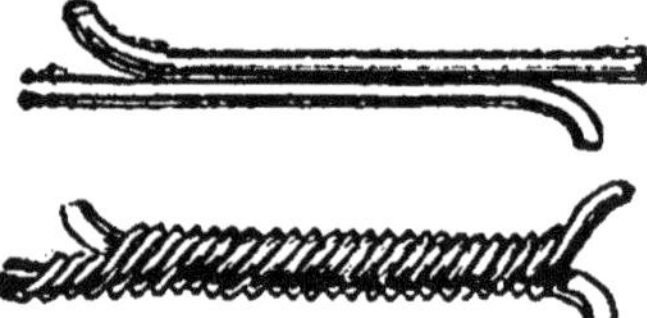

Fig. 90. — Soudure et torsade à l'espagnole pour la jonction de deux fils.

moyen de la pince plate. La torsade ou connexion n'a ainsi guère plus d'un centimètre de longueur : c'est suffisant ; tout au plus doit-elle aller jusqu'à 15 millimètres ; la faire plus longue serait se donner un travail inutile pour la recouvrir de guipage, et faire subir à chaque fil une torsion sur lui-même toujours préjudiciable. On recouvre d'abord la ligature d'une petite feuille de gutta, qui fasse trois ou quatre couches, et que la chaleur de la main suffit à souder ; l'ensemble ne doit pas dépasser de beaucoup l'épaisseur de la gaine de gutta voisine ; enfin on enroule par-dessus et on arrête proprement la guipure, qu'on a eu soin de ne pas rompre. Si tout ce travail a été fait avec un peu de soin, le contact est parfait et l'isolement assuré.

CHAPITRE V

LES AVERTISSEURS ET LES ENREGISTREURS

Les avertisseurs sont des appareils ayant pour but de donner automatiquement un signal quelconque à l'aide de l'électricité. Ils peuvent révéler, soit un incendie, soit une effraction, le bris d'une clôture, etc.

Les enregistreurs sont des mécanismes à fonctionnement également automatique, inscrivant, d'une façon continue ou discontinue, sur une bande de papier, les différentes phases d'un phénomène quelconque.

Les contacts de sûreté, dont il a déjà été question dans le chapitre précédent, et la gâche électrique sont des avertisseurs de vol, puisque les portes sur lesquelles ils sont installés ne peuvent être ouvertes sans qu'ils fassent retentir une sonnerie, mais il existe encore bien d'autres dispositions remplissant le même but.

L'*Antiklept*, système Royer-Benoit, est constitué par un fil disposé de telle sorte qu'il ne soit pas possible de franchir la clôture ou d'ouvrir la porte sans le couper ou le toucher. Ce fil est attaché, d'une part, à un mur, de l'autre à une lame élastique qu'un ressort tend à incliner vers la gauche, et qui est en rapport avec le pôle d'une pile. Si l'on vient à toucher le fil, celui-ci incline un peu vers la droite la lame qui vient alors en contact avec un plot fermant le circuit de la pile sur la sonnette d'alarme. Si, croyant être plus tranquille, le cambrioleur coupe le fil, la lame est immédiatement tirée à gauche par le ressort de rappel ; elle bute contre un autre contact et ferme encore le circuit avertisseur.

Lorsqu'il s'agit de protéger un mur de clôture d'une certaine longueur, on le divise alors en plusieurs sections, pourvues chacune d'un fil distinct. Un tableau annonciateur, semblable à ceux que nous avons décrits, et placé dans la maison du surveillant ou du concierge, fait immédiatement connaître, en cas d'alarme, quelle est la section d'où est parti le signal.

On a imaginé des variantes de ces dispositifs pour assurer la protection des coffres-forts, et combiné des relais particuliers, d'une très grande sensibilité. Quand le vantail de coffre est fermé, le courant d'une pile traverse les spires de l'électro de ce relais, et en même temps une résistance assez grande pour diminuer suffisamment le débit. L'armature de cet électro est montée sur le même axe qu'une fourche métallique et d'un contrepoids dont on va comprendre la raison d'être. Le poids est mobile, comme un curseur le long de sa tige de support, et on le règle de telle sorte que, avec l'intensité normale de courant, la fourche soit bien verticale.

Si l'on ouvre le coffre-fort, le courant est interrompu, l'électro se désaimante, le contrepoids retombe et repousse la fourche vers la gauche, ce qui a pour résultat de fermer le circuit électrique d'une sonnerie.

Le même effet se produit si les cambrioleurs coupent

les fils qu'ils voient à l'extérieur du coffre, croyant n'avoir affaire qu'à un simple contact de sûreté.

S'ils ont l'idée de réunir les deux fils de ligne pour annuler la protection du circuit, la résistance placée dans le coffre-fort se trouve supprimée, le courant traversant l'électro augmente d'intensité, l'armature est plus vivement attirée, et la fourche est inclinée vers la droite, fermant encore le circuit de la sonnerie.

Ainsi que nous l'avons déjà dit, quand on fait usage d'un relais il est préférable d'actionner leur électro-aimant par une source de courant constante, c'est-à-dire par des piles au sulfate de cuivre d'un système quelconque, dont la polarisation est très lente, plutôt que par des piles au sel ammoniac. Disons que l'on a réussi cependant à appliquer les éléments Leclanché à ce service, en augmentant fortement la résistance, de façon à ne fournir qu'un courant de très faible intensité.

Il existe aussi des serrures électriques dites *de sûreté*, à l'intérieur desquelles un contact spécial ferme le circuit d'une sonnette à la moindre tentative d'effraction. Qu'un voleur fasse le moindre effort pour forcer la gâche, qu'il introduise dans le trou de la serrure un crochet, une fausse clé, un levier ou une pince, le carillon retentit immédiatement, et s'il ne veut pas se faire pincer, le nocturne visiteur n'a qu'à déguerpir au plus vite. Pour éviter que les propriétaires ou locataires ne donnent inutilement l'alarme en rentrant dans la maison ainsi protégée, leurs clés doivent être pourvues de découpures spéciales leur permettant de faire jouer les pênes sans fermer le circuit par le contact intérieur et mettre ainsi en branle l'avertisseur.

Mentionnons en passant un autre genre de serrures

électriques qui n'ont rien de commun avec les avertisseurs ou les gâches dont il a été question jusqu'à présent, et qui fonctionnent simplement à distance par l'électricité. Au lieu d'avoir à tirer plus ou moins énergiquement sur un cordon, il suffit d'appuyer le doigt sur un bouton de contact qui lance le courant dans un électro-aimant contenu dans la serrure. Cet électro agit sur une armature dont le déplacement détermine le mouvement du pêne et ouvre la porte. On conçoit aisément la commodité d'un semblable système, qui peut emprunter le courant qui lui est nécessaire à la batterie de piles alimentant tous les avertisseurs sonores de la maison, et est alors monté en dérivation sur le réseau, la serrure remplaçant simplement la sonnerie d'appel.

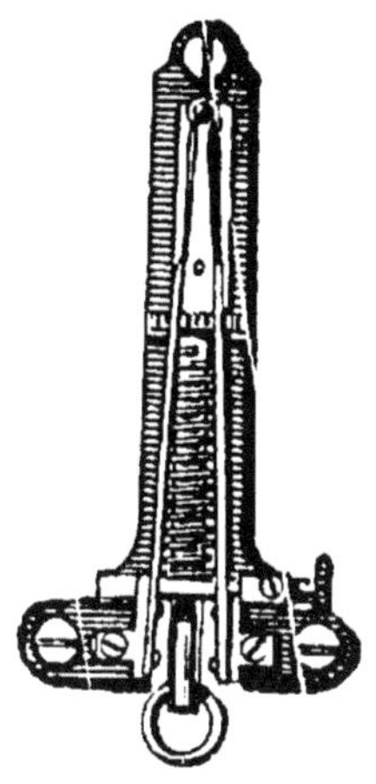

Fig. 91. — Avertisseur d'incendie Gaulne-Mildé.

On pourrait multiplier ces exemples de commande à distance de divers mouvements par l'intermédiaire de l'électricité, mais il n'est pas difficile d'imaginer toutes les combinaisons analogues auxquelles peut se prêter l'électro-aimant, et nous arriverons à une autre catégorie d'avertisseurs automatiques dits *avertisseurs d'incendie* ou de *température*.

Il existe de nombreuses dispositions de ces appareils, et nous en décrirons quelques-unes des plus connues et qui ont reçu des applications aux besoins de la vie domestique. En général, ces avertisseurs sont basés sur le phénomène de dilatation, de fusion ou de combustion d'une substance isolante dans l'état ordinaire.

L'avertisseur d'incendie système Gaulne et Mildé (fig. 91) est fondé sur l'effet d'inégale dilatation des métaux. Deux lames, composées chacune de trois rubans métalliques différents (acier, cuivre et zinc) superposés et soudés ensemble, sont disposées en regard l'une de l'autre et à peu près parallèlement. Sous l'influence de la chaleur, ces deux lames s'incurvent l'une vers l'autre et viennent se toucher, fermant ainsi le circuit du signal d'alarme. Pour que cet appareil puisse servir, en même temps, d'interrupteur ordinaire, la communication entre les deux lames peut être obtenue à l'aide d'une goupille métallique fixée sur une tige verticale terminée par un anneau auquel est fixé le cordon d'appel et qui est maintenue soulevée par un ressort à boudin.

L'avertisseur d'incendie le plus simple, à notre avis, est celui qui se compose d'un petit cylindre de bois de 6 centimètres de haut sur lequel est enroulé un petit ressort à boudin dont une extrémité est reliée à un fil de sonnette. Ce ressort est comprimé par une petite barrette en alliage, fusible à 35 ou 40 degrés centigrades. Lorsque la température de la pièce où est fixé l'appareil dépasse ce chiffre, la barrette fond, le ressort se détend et vient buter sur un contact placé à la partie supérieure du cylindre isolant, le circuit se trouve alors fermé, et la sonnette entre en jeu. Ces avertisseurs, dont l'utilité est incontestable, sont très bon marché ; leur sensibilité peut être réglée à volonté, suivant que l'on désire qu'ils jouent avec telle ou telle température, ce qui s'obtient en variant la composition de l'alliage de la barrette, enfin ils peuvent être dissimulés facilement, en raison de leurs dimensions restreintes, le long des plafonds, sur n'importe quel réseau de sonnerie électrique déjà existant.

Il existe dans le commerce des thermomètres avertisseurs de l'élévation de la température, réglés par le constructeur au degré demandé. Dans ces modèles, le mercure du thermomètre ferme le circuit d'une pile et actionne alors une sonnerie ou un appareil électrique quelconque faisant fonctionner, soit un réchauffeur, soit un ventilateur pour maintenir un local à une température déterminée.

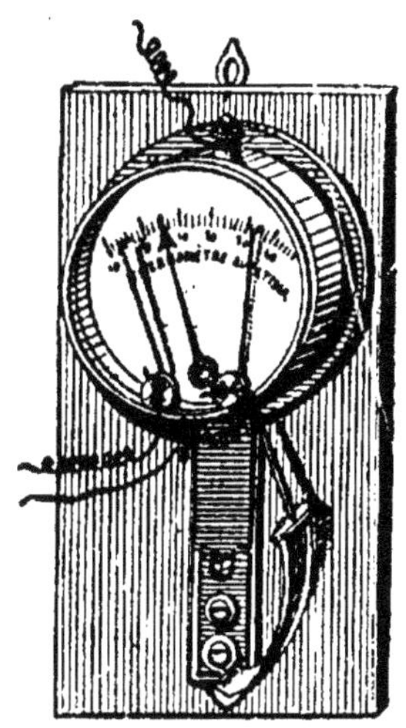

Fig. 92. — Avertisseur à minima et à maxima.

Un autre système de thermomètre avertisseur prévient à la fois de l'élévation au-dessus d'un certain degré fixé d'avance et de l'abaissement de la température au-dessous d'un degré également connu, et il est employé dans divers établissements industriels pour indiquer par le bruit du signal sonore la température d'un séchoir, d'une étuve, d'une serre chaude ou tempérée, de salles d'hôpital, de chambres de malades, etc. L'élévation ou l'abaissement de la température est accusé par la dilatation ou la contraction de lames de métal convenablement choisies, et non par l'intermédiaire d'un liquide tel que l'alcool ou le mercure. Le mouvement de ces lames est transmis par une tige à crémaillère à un petit pignon denté monté sur l'axe d'une aiguille indicatrice se déplaçant devant un cadran divisé, serti dans une monture cylindrique comme un cadran d'horloge, laquelle monture est fixée ainsi que les lames métalliques sur une planchette qui s'accroche au mur par une agrafe.

Deux index mobiles à l'aide de boutons moletés, et terminés par des parties recourbées à angle droit, peuvent décrire un arc de cercle sur le cadran : on les place sur le degré qui ne doit pas être dépassé, et chacun d'eux est relié à une borne d'une sonnerie ayant un son

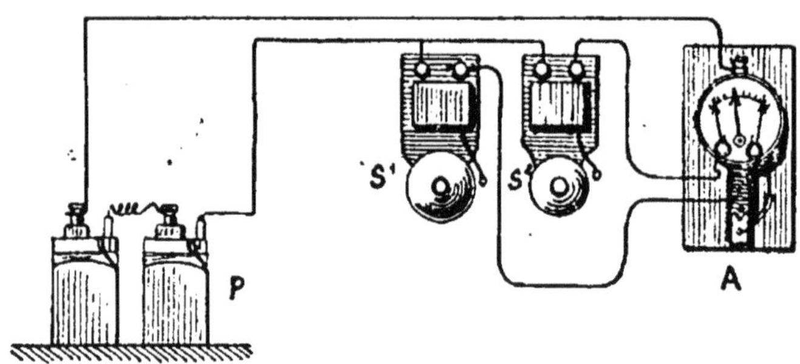

Fig. 93. — Schéma du montage d'un thermomètre électrique.

différent et caractéristique. La masse de l'appareil est réunie de son côté au pôle positif d'une pile de quelques éléments dont le négatif se rend aux bornes libres des deux sonneries (fig. 92 et 93).

Quand l'aiguille indicatrice du thermomètre vient toucher l'un des index, le circuit est fermé, le courant de la pile parvient au signal d'alarme dont le bruit attire aussitôt l'attention du surveillant. Selon le cas on fait usage de deux sonneries l'une indiquant le minima, l'autre le maxima de température, ou d'une seule et c'est ainsi que cet appareil peut remplir les fonctions d'avertisseur d'incendie.

L'emploi de ce thermomètre à indications sonores offre une grande sécurité, en même temps qu'il évite toute perte de temps, et il fournit des indications précises. Il est ordinairement gradué suivant l'échelle centigrade de — 10 à + 50 degrés, mais il peut tout aussi bien être pourvu de n'importe quelle autre échelle de divisions, depuis — 50 jusqu'à + 110 degrés, et son prix est assez modique.

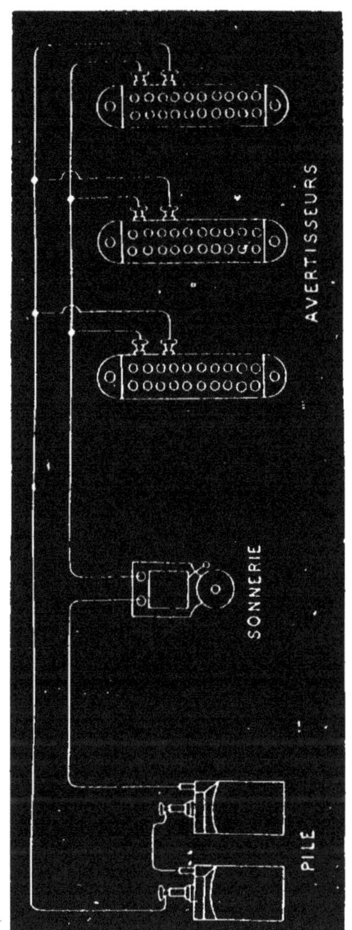

Fig. 94 — Agencement de l'avertisseur d'incendie J. Richard.

L'avertisseur de Richard (fig. 94) est basé sur la dilatation d'un liquide contenu dans un tube métallique méplat T. Lorsque la température s'élève, le liquide se dilatant, fait ouvrir le tube T et entraîne dans son mouvement la tige métallique L qui, pour une température déterminée, vient s'appuyer sur la vis V et fait un contact. L'établissement de ce contact ferme le circuit d'une pile sur une sonnerie électrique. Deux bornes A et B, dont l'une A est isolée et l'autre B communique avec la masse de l'avertisseur, permettent d'établir facilement les connexions électriques. Le mécanisme est protégé par une tôle perforée.

Signalons encore une dernière catégorie d'avertisseurs sonores, les *réveille-matin électriques,* dont il existe plusieurs spécimens dans le commerce. Tous les appareils d'horlogerie peuvent être munis, sans autre complication que la pose d'un contact isolé, d'un dispositif d'appel de ce genre. Quand il s'agit d'un réveil à ressort, il suffit d'intercaler sous l'index mobile devant le cadran, une petite rondelle d'ébonite, de façon à ce que cet index soit isolé de la masse métallique de l'appareil, qui est en rapport, par un fil conducteur, avec le pôle positif d'une pile. L'index lui-même est en communication avec une borne de la sonnette électrique, dont l'autre borne est reliée au pôle négatif de la pile. L'index mobile, qui est recourbé deux fois pour que la grande aiguille ne le touche pas dans sa course circulaire, est amené, en le faisant tourner, en regard du chiffre du cadran que l'on veut : lorsque la petite aiguille vient rencontrer à son tour cet index, la liaison entre la pile et la sonnerie est effectuée et celle-ci carillonne sans interruption jusqu'à ce qu'on ait rompu cette communication. S'il s'agit d'une horloge à poids ou *coucou,* on peut utiliser la descente du poids moteur et établir un contact placé de telle façon que le poids vienne le toucher à l'heure voulue et amène ainsi le déclanchement de la sonnerie. Toutes ces dispositions sont, comme on en peut juger, très simples à imaginer.

Les indicateurs à minima et à maxima, destinés à enregistrer les phases d'un phénomène quelconque, sont très nombreux. Notre figure 95 représente une installation basée sur ce principe et ayant pour but d'indiquer à distance, au moyen de signaux optiques ou acoustiques, les variations du niveau de l'eau à l'intérieur d'une conduite, à l'aide de l'appareil O contenant un flotteur G dont les mouvements sont transmis par un seul fil de ligne L, le retour du courant s'effectuant en T par la terre. Le récepteur, dans ce cas, est un indicateur à

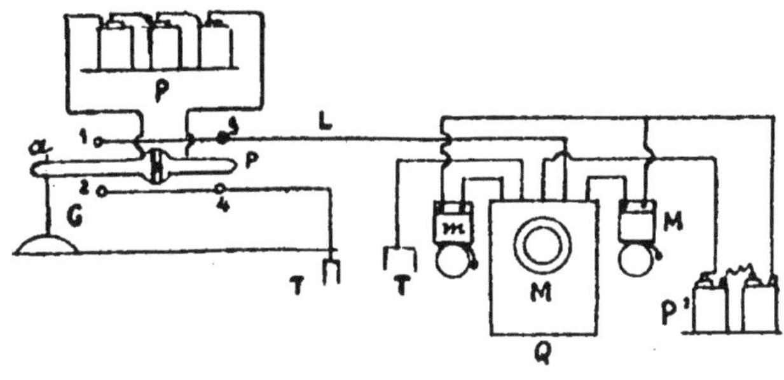

FIG. 95

aiguille aimantée, placée à l'intérieur d'un tableau Q, qui peut faire apparaître un petit carton M portant la mention *minimum* et *maximum*. En même temps, cette aiguille ferme le circuit de la pile P, soit sur la sonnerie M, soit sur la sonnerie *m* dont le bruit est complètement différent, ce qui ne permet pas de les confondre ensemble. L'électro du tableau reçoit son courant de la pile P du pôle transmetteur.

Le mouvement de l'indicateur se produit dans un sens ou dans l'autre, suivant que la pièce *p* vient toucher les contacts 1 à 4 ou 2, 3, c'est-à-dire quand elle vient

Fig. 96. — Transmetteur J. Richard.

intervertir le sens du courant circulant dans le fil de ligne, comme on peut s'en rendre compte par l'examen de ce schéma, que nous empruntons au livre de M. Zéda dont nous avons parlé dans le chapitre précédent.

Cet agencement peut encore présenter une incontestable utilité en employant, pour sa force motrice, l'eau d'une rivière éloignée de plusieurs kilomètres, lorsqu'on veut savoir à tout moment si le niveau de l'eau, à l'entrée du canal d'amenée, est au-dessus ou au-dessous de certaines limites. C'est encore là un exemple de la diversité des usages auxquels se prête l'électricité et de l'aide que peut procurer l'emploi de cette énergie dans un grand nombre de circonstances. La figure 96 donne la vue d'un appareil d'indication à distance du niveau de l'eau de S. Richard.

Un instituteur, M. Huche, a fait connaître un avertisseur d'effraction non plus sonore, mais plutôt bruyant, car il produit une violente détonation au moment de l'ouverture d'une porte ou du déplacement d'un objet quelconque.

L'appareil de M. Huche se compose d'un canon vertical, de forme extérieure cylindrique et percé d'une lumière suivant l'axe. Cette lumière est prolongée par une cheminée coiffée d'une capsule. Ce canon, une fois chargé, étant placé verticalement la capsule en bas, on conçoit qu'il suffit de le laisser tomber d'une faible hauteur pour provoquer la détonation, d'ailleurs inoffensive puisque le coup part verticalement et du côté de la porte opposé à celui par où l'on entre.

On fixe le long du mur un électro-aimant analogue à celui d'une sonnerie, et on le place de manière que la tige vissée à l'extrémité de son armature et recourbée à angle droit, serve de support à un anneau, auquel on suspend, par l'intermédiaire d'une simple ficelle. Au-dessus de l'endroit où vient s'arrêter la tige de l'armature, on enfonce dans le mur un clou à crochet, la tête en bas et arrêtée contre le rebord intérieur de l'anneau. Enfin on dispose un contact extérieur le long de la porte, fermant le circuit de la pile générale alimentant le réseau de sonnettes, sur l'électro lorsqu'on veut ouvrir la porte.

Le fonctionnement de cet appareillage est aisé à saisir. Lorsqu'on ouvre la porte, et que le courant circule dans les spires de l'électro, l'armature, maintenue en place, au repos, par un ressort antagoniste, est brusquement rappelée par l'attraction. Le crochet maintenant l'anneau abandonne celui-ci qui ne peut suivre le mouvement puisqu'il bute par son rebord contre le clou. N'étant plus soutenu, le canon tombe verticalement sur la capsule qui explose sous le choc et met le feu à la charge. La détonation produite présente le double résultat de faire prestement gagner le large au visiteur malavisé et de prévenir en même temps les intéressés de la tentative d'effraction qui vient d'être commise.

Mais c'est assez nous occuper des avertisseurs de toute espèce, il est temps de passer maintenant à une autre catégorie d'appareils dans lesquels l'électricité joue un rôle important. Nous voulons parler des compteurs, contrôleurs, et autres instruments à fonctionnement automatique, dont nous décrirons ici quelques spécimens, ordinairement combinés à des mécanismes d'horlogerie.

On connaît sous le nom général de *contrôleurs de présence* des appareils qui vérifient automatiquement les rondes de nuit effectuées par les gardiens dans les grands établissements industriels ou les divers services d'une administration. Leur principe est le suivant : l'employé, en faisant sa ronde, doit transmettre, de distance en distance, des signaux qui indiquent au surveillant-chef que le service s'est fait régulièrement aux heures et aux endroits prescrits. Toutefois, bien qu'on retrouve ce principe appliqué dans la plupart des systèmes en vigueur, il n'en existe pas moins de multiples variations s'adaptant à des circonstances particulières. Des avertisseurs analogues peuvent remplacer les feuilles de présence souvent inexactes pour plus d'une raison, et voici la description d'un modèle qui a reçu de nombreux usages dans les usines et ateliers des États-Unis.

En entrant, chaque ouvrier prend une clé numérotée sur la poignée et sur le pêne ; il l'introduit dans un compteur-enregistreur et lui imprime un demi-tour puis la retire par un mouvement inverse ; à cette manœuvre correspond l'application d'une bande de papier contre un rouleau imprégné d'encre et tournant, sous l'action d'un mouvement d'horlogerie ; il marque ainsi l'heure exacte de l'arrivée. A la sortie, la même opération s'effectue avec l'adjonction d'un levier supplémentaire qui imprime une étoile distinctive à côté du chiffre des heures ; le numéro du pêne s'inscrivant à côté sert à désigner l'ouvrier dans les deux cas. Inutile d'ajouter que ces renseignements peuvent s'enregistrer électriquement à distance dans le bureau du surveillant-chef qui voit ainsi, comme avec un récepteur télégraphique, la bande de papier se dérouler et lui indiquer les entrées successives de tous les employés.

On peut encore vouloir être renseigné à distance sur

la présence effective d'un ouvrier auquel on a imposé une certaine tâche ou une surveillance continuelle ; la moindre négligence peut être la cause de graves accidents ou de pertes dans la fabrication, mais on conçoit que, dans ces conditions, on ne peut avoir recours à des signaux sonores continuels qui fatigueraient inutilement l'attention. Le modèle de contrôleur est de M. Gorse ; il avertit automatiquement par sonnerie, à des intervalles mesurés, l'ouvrier surveillant d'avoir à exécuter l'opération prescrite, et ce n'est que dans le cas où cette manœuvre n'est pas faite qu'une deuxième sonnerie retentit dans le bureau du surveillant en chef; celui-ci sait alors ce qui lui reste à faire, et ce contrôleur joue alors le rôle de double avertisseur.

A la portée de l'ouvrier, est disposé le contrôleur proprement dit, ainsi qu'une sonnerie commandée par une sorte de transmetteur automatique de signaux, avertisseur placé dans le bureau du contremaître. Deux cas sont à considérer : l'ouvrier est à son poste ou bien il est absent. Pour montrer qu'il veille, cet ouvrier doit, à l'aide d'un bouton extérieur, relever le volet du transmetteur, et l'accrocher à un crochet terminant l'armature d'un électro. L'appareil se trouve alors dans la position d'attente, jusqu'à ce que le mouvement d'horlogerie contenu dans la boîte vienne soulever un levier et provoquer automatiquement la chute du volet. Au contraire, si l'ouvrier, absent, endormi ou négligent, ne touche pas au volet rabattu, celui-ci ferme, après quelques instants d'attente, le circuit électrique sur la sonnette placée dans le bureau, et avertit ainsi le contremaître de la négligence commise.

En modifiant le nombre des encoches au rochet de la

roue des minutes de l'horloge on change le nombre d'avertissements par heure, et ceux-ci peuvent être donnés tous les quarts d'heure, toutes les demi-heures ou toutes les heures, selon le genre de fabrication qu'il s'agit de surveiller. Un grand nombre de minoteries, briqueteries, usines de céramiques, etc., ont déjà adopté cet intéressant système.

Si l'on multiplie le nombre des postes automatiques, on aura, avec ce même appareil, un excellent contrôleur de ronde : tous les volets tomberont en même temps, et le veilleur chargé de faire la ronde devra les relever tous successivement dans l'espace de temps séparant deux avertissements consécutifs. Un seul volet non relevé suffira pour donner l'alarme au poste de surveillance, et, dans ce cas, l'adjonction d'un tableau indicateur désignera le poste que le veilleur a négligé de visiter. Suivant la longueur du chemin à parcourir, on pourra encore modifier le nombre des encoches de la roue de commande, et par suite le temps maximum accordé pour accomplir la ronde entière.

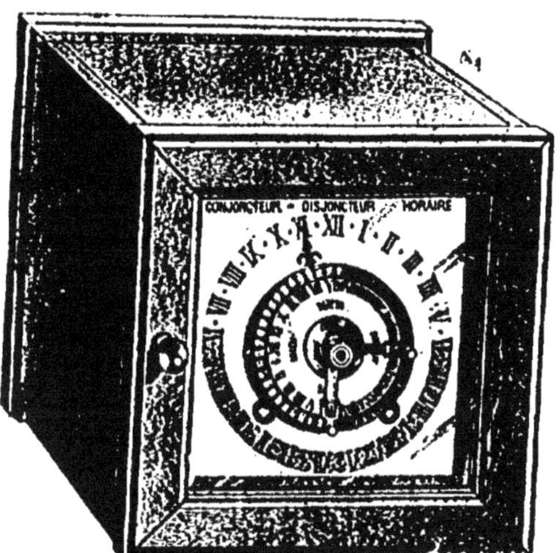

Fig. 97. — Conjoncteur disjoncteur automatique.

Les appareils horaires pour l'ouverture et la fermeture automatique des circuits électriques, peuvent rendre, dans bien des circonstances, de très sérieux services. Dans un modèle construit par l'*Appareillage Électrique Grivolas* (fig. 97), une horloge à échappement à ancre a une marche de 36 jours, et son cadran est divisé en 24 heures (12 heures de jour, 12 heures de nuit). Sur ce premier cadran, se meut un autre cadran, également

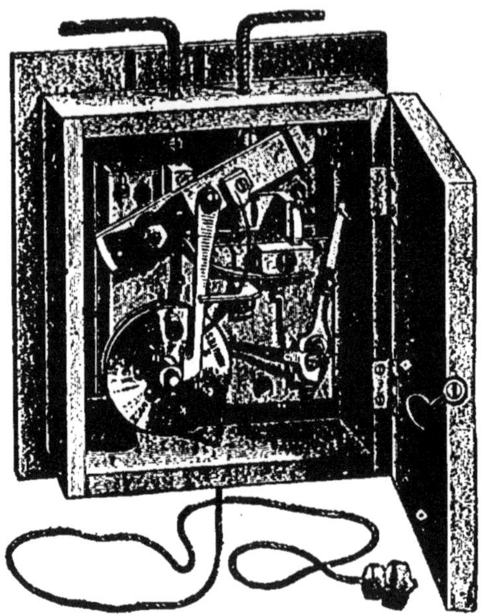

Fig. 98. — Allumeur extincteur.

divisé en 24 heures, partagées elles-mêmes en demi-heures, au centre duquel sont disposées deux aiguilles mobiles formant alidades que l'on peut placer à volonté sur des heures déterminées. Par suite de l'agencement des contacts intérieurs, le circuit sur lequel cet appareil est branché est fermé à l'heure où l'on veut que se produise l'allumage, tandis que l'extinction de l'éclairage et la rupture du circuit s'opère à l'heure indiquée par la deuxième aiguille.

Mentionnons encore, à côté de ce conjoncteur-disjoncteur, les allumeurs-extincteurs construits par la même Société, et qui se distinguent du précédent en ce qu'ils ne comportent pas de mouvement d'horlogerie. L'allumage des lampes montées sur le réseau est obtenu en tirant un cordon, en abaissant un levier, ou encore automatiquement par l'ouverture d'une porte. Un ressort spiral est bandé par ce mouvement et amène, au bout de 1, 2, 3, 4, 5 ou 6 minutes, suivant ce qui a été réglé d'avance, l'extinction de la lumière (fig. 98).

Un autre modèle un peu différent, réglable de 1 à 5 minutes, permet l'allumage temporaire d'un nombre de lampes quelconque et se commande électriquement par des boutons d'appel, semblables à ceux employés pour les sonnettes, placés dans différents points de l'appartement ou de la maison. Les connexions sont effectuées par des tiges métalliques plongeant dans des godets remplis de mercure, et dont le mouvement est commandé par un levier à pivot, articulé à l'une de ses extrémités sur un noyau de fer doux, mobile à l'intérieur d'un solénoïde parcouru par le courant.

Il existe encore des interrupteurs automatiques du courant, pour allumage et extinction, manœuvrables à distance par l'électricité, et convenant particulièrement aux stations centrales de distribution. Ces appareils permettent d'allumer et d'éteindre les lampes à heure fixe chez chacun des abonnés à forfait, par un seul fil général partant de la station. Les heures d'allumage et d'extinction peuvent être différentes pour chaque abonné, ou pour la même opération, la commande étant transmise de plusieurs points différents, comme c'est le cas pour l'éclairage d'une cage d'escalier par exemple. Ces appareils sont robustes et d'un fonctionnement très simple ; ils sont fermés par un couvercle vitré maintenu à l'aide de vis dont les têtes percées sont disposées pour le plombage s'opposant à toute ouverture indiscrète de la boîte.

Fig. 99. — Régulateur de consommation.

Dans le *régulateur de consommation*, établi pour intensité de courant jusqu'à 10 ampères (courant continu) le mouvement d'horlogerie est sous la dépendance d'un électro-aimant. Cet appareil, indispensable partout où est appliqué le tarif à forfait, a pour but d'empêcher l'abonné d'allumer à la fois un nombre de lampes plus grand que celui prévu par la police d'abonnement. L'allumage en surplus d'une lampe de 5 bougies, ou l'augmentation de 5 0/0 à peine de l'intensité de courant permise, déclanche le contrôleur qui produit une succession d'extinctions et de réallumages de lampes rendant impossible l'usage de la lumière dans toute l'installation, jusqu'à ce que l'intensité soit redevenue normale ou la lampe supplémentaire retirée du circuit.

La maison Richard Heller a fait connaître un interrupteur périodique du même genre, qui permet aux usines d'électricité de réaliser certaines économies et de prolonger la consommation de courant au delà de la période de l'année où l'éclairage dure le plus longtemps (fig. 99).

Il se distingue des appareils analogues par la courte durée de la marche de son mouvement d'horlogerie (d'où une grande sûreté de fonctionnement), par ses petites dimensions, par sa construction solide et enfin par ce fait que l'abonné est forcé de remonter le mouvement avant de fermer le circuit pour allumer les lampes.

Cet appareil sert notamment à éteindre automatiquement des lampes installées sur la voie publique, dans un magasin, etc., là où l'on serait forcé de faire rester un homme pour faire exécuter ce travail (alors que les autres parties du service permettraient de lui donner beaucoup plus tôt sa liberté), ou encore lorsque les lampes resteraient allumées trop longtemps, faute de personnel pour les éteindre.

L'emploi d'un interrupteur de ce genre est tout indiqué, en outre, pour les lampes de vitrine ou d'inscriptions-réclames, que l'on veut souvent laisser allumées après la fermeture des magasins, sans être obligé de les faire éteindre.

Le problème à résoudre consiste aussi, lorsqu'il s'agit de l'éclairage public, à allumer les lampes à la tombée de la nuit, puis, après la période d'éclairage intensif, à passer à l'éclairage de nuit et enfin à éteindre les lampes à l'aube. En pareil cas une combinaison de deux interrupteurs périodiques est très avantageuse. Ainsi que le montre le schéma ci-dessous (fig. 100), on intercale au début le grand interrupteur *a* dans le circuit I, et le petit interrupteur *b* dans le circuit II, dans lequel se trouvent également les contacts de commutation de l'interrupteur *a*.

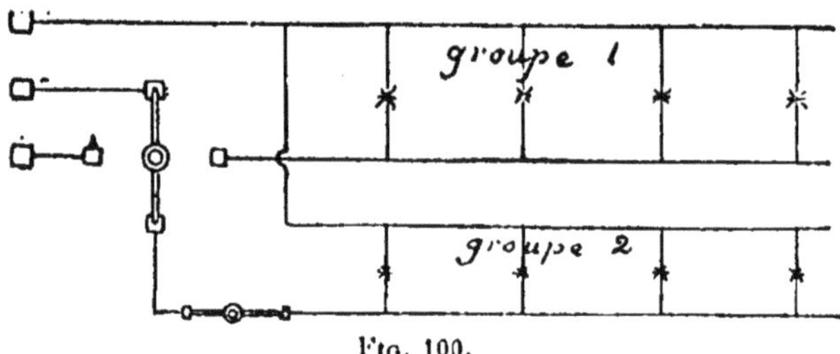

Fig. 100.

Quand la nuit tombe, on ferme simultanément les interrupteurs *a* et *b*; à ce moment le groupe de lampes n° II ne s'allume pas, car il y a interruption du circuit en 2-2. Lorsque l'interrupteur *a* fonctionne au bout de l'espace de temps fixé, il rompt le circuit en 1-1 et le ferme en 2-2, ce qui éteint le groupe I et allume le groupe II. Enfin, à la pointe du jour l'interrupteur *b* rompt le circuit 2.

Les enregistreurs, dont nous devons maintenant parler, sont des appareils ayant le plus souvent pour moteurs des mouvements d'horlogerie, et inscrivant sur une bande de papier sans fin ou roulée autour d'un cylindre animé d'un lent mouvement de rotation sur son axe, les différentes phases d'un phénomène quelconque. Cette inscription peut même être transmise à distance par l'électricité, lorsque le milieu où le phénomène se produit n'est pas accessible ou ne peut recevoir l'instrument. Tel est le cas pour les *pyromètres* entre autres, qui par une combinaison thermo-électrique, servent à mesurer les hautes températures, jusqu'à 1600 degrés centi-

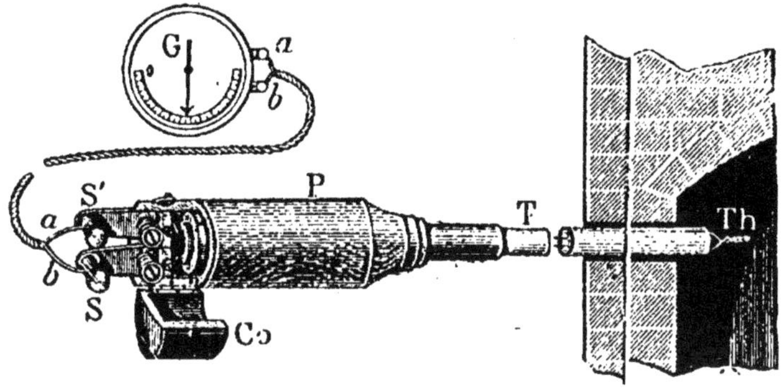

FIG. 101. — Pyromètre électrique Du Cretet.

grades environ. Ils sont employés avec avantage dans les usines métallurgiques, les verreries, les fabriques de porcelaine et de faïence, les fonderies, les émailleries, etc. Le pyromètre électrique Siemens (fig. 102) est particulièrement intéressant : il se compose essentiellement d'un élément thermo-électrique et d'un galvanomètre.

L'élément thermo-électrique employé pour la mesure est le couple Le Chatelier, constitué par deux fils, dont l'un est en platine chimiquement pur et l'autre en un alliage de platine et de rhodium ; chacun des fils a

1 m. 50 de longueur et 0 m. 006 de diamètre. Le point de soudure des deux fils doit être placé à l'endroit dont on veut mesurer la température.

Le galvanomètre, à lecture directe, est un instrument de haute précision : il est apériodique et a une très grande sensibilité. Il est muni d'une longue aiguille, dont l'extrémité aplatie, disposée dans un plan vertical, se déplace au-dessus d'une glace, ce qui permet d'effectuer les mesures avec la plus grande exactitude.

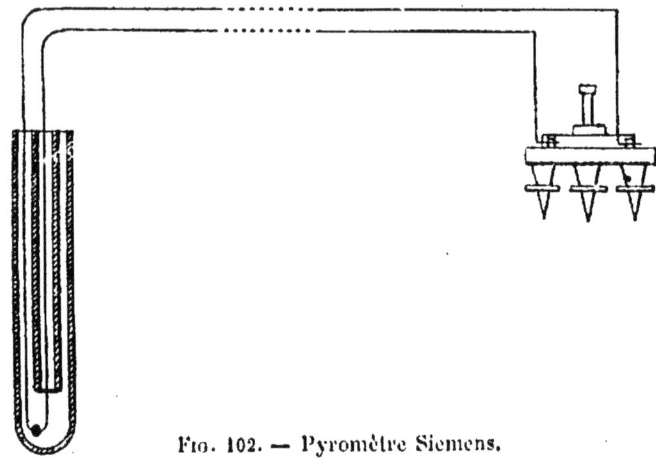

FIG. 102. — Pyromètre Siemens.

Il repose sur trois vis calantes et est muni d'un niveau à bulle d'air, permettant de placer l'instrument bien horizontalement. L'échelle est pourvue d'une double graduation, dont l'une de 180 divisions, indique les millivolts (1 division = 0,0001 volt), et dont l'autre de 160 divisions, indique directement les températures (1 division = 10 degrés).

Pour les mesures industrielles, il y a lieu de prévoir,

comme accessoires, un tube double en matière spéciale (pâte Hecht) pour protéger l'élément thermo-électrique.

Certains enregistreurs météorologiques sont munis de dispositifs pour l'inscription à distance des différentes phases d'un phénomène dont on veut établir un diagramme.

Le procédé employé est toujours analogue par quelque point aux appareils qui ont été décrits au cours de

Fig. 103. — Canne exploratrice.

ce chapitre, et c'est ainsi qu'on peut rattacher cette classe d'instruments aux signaux à transmission par l'électricité.

La canne exploratrice à contacts, de J. Richard, est un modèle de pyromètre de grande sensibilité.

Lorsque les températures maxima et minima dont on veut être averti se produisent à l'intérieur de milieux fermés où l'on ne peut pénétrer, tels que les silos, les magasins à fourrages, les agglomérations de chiffons gras où la combustion paraît souvent spontanée, etc., la canne exploratrice donne d'excellents résultats (fig. 103).

L'organe sensible à la chaleur (récipient métallique contenant un liquide dilatable), peut, en effet, être enfoncé complètement dans le milieu dont on veut connaître les variations de température ; il est fixé à l'extrémité d'un tube qui le transforme en canne d'une longueur quelconque. Cet appareil est d'une solidité à toute épreuve; pouvant supporter des chocs violents ou des pressions considérables, il est absolument soustrait à toutes les causes de bris ou de mauvais fonctionnement.

L'équilibre de température s'établissant par la paroi externe du récipient, l'instrument est en contact direct et intime avec la source de chaleur qu'on veut mesurer; les contacts électriques, protégés par une paroi métallique, sont d'une conservation parfaite et à l'abri de toute oxydation ; enfin les fils électriques sont protégés par le tube jusqu'à la sortie du milieu où l'appareil est placé.

Ce petit appareil, dont le réglage est facilement accessible, est d'un prix modique; il peut être considéré comme répondant à tous les desiderata au point de vue de la solidité et de l'exactitude. Il est employé aussi pour les chauffe-bains, etc.

Le problème de la transmission à distance de la température et, plus généralement, des indications d'un appareil de mesure, se présente sous deux aspects selon qu'on veut simplement savoir, à un instant déterminé, quelle est la température dans un endroit éloigné du lieu d'observation ou qu'on veut avoir, au poste récepteur, une aiguille suivant d'une manière continue les mouvements de l'aiguille de l'appareil transmetteur.

Dans le premier cas, on emploie les *scrutateurs*, combinés de telle façon que l'aiguille du poste récepteur vient s'arrêter sur une division correspondant à l'indication de l'appareil transmetteur et cela, simplement en appuyant sur un bouton jusqu'à l'arrêt de l'index. Dans le second cas, on utilise les *transmetteurs à distance* proprement dits, qui se font en plusieurs modèles, les uns exigeant cinq fils de transmission, les autres ne demandant que trois ou même un seul fil conducteur, le retour se faisant par la terre ; ils peuvent d'ailleurs se faire simplement indicateurs ou avec enregistreur. La figure 104 montre l'aspect d'un scrutateur de ce genre.

Ces divers dispositifs s'appliquent non seulement aux thermomètres, mais à toutes sortes d'appareils, tels que : manomètres, pyromètres, enregistreurs de niveau, etc. La figure 105 représente un transmetteur de ce genre, combiné avec un thermomètre à tige rigide. Dans le modèle de la figure suivante, chaque déplacement de l'aiguille indicatrice du transmetteur, établit un contact d'une durée exactement déterminée, de sorte que le courant est lancé dans la ligne pendant le temps nécessaire pour actionner avec sûreté le relai du poste récepteur.

Le transmetteur est caractérisé par la combinaison d'une contre-aiguille mobile, terminée par deux branches de contact isolées l'une de l'autre, sur lesquelles vient buter l'aiguille indicatrice, suivant qu'elle se déplace dans un sens ou dans l'autre ; d'un servomoteur électrique constitué de manière à tourner dans un sens ou dans l'autre quand l'aiguille indicatrice vient rencontrer l'une ou l'autre branche de contact de la contre-aiguille ; d'un dispositif mécanique actionné par ce moteur électrique et qui commande deux contacts complètement indépendants, ces contacts se trou-

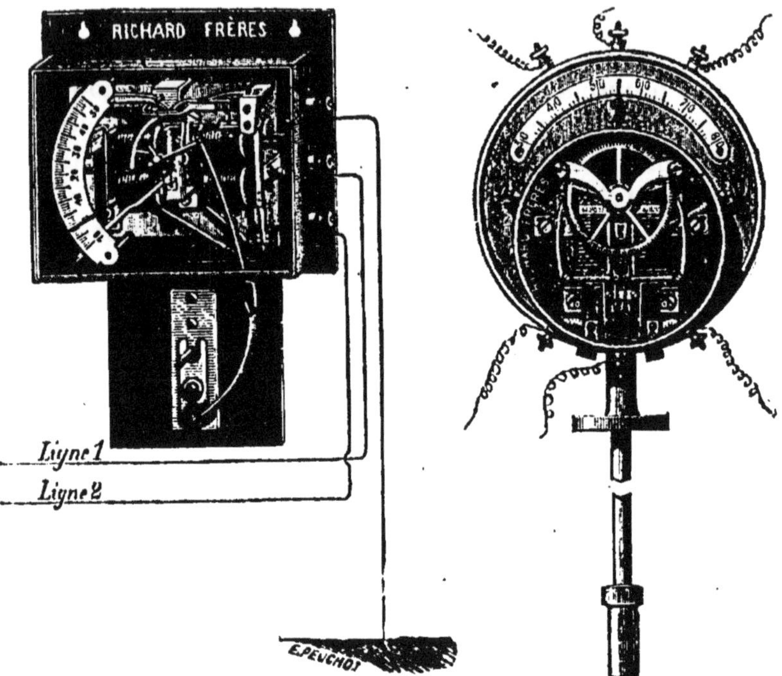

Fig. 104. — Scrutateur J. Richard.

Fig. 105. — Transmetteur Richard.

vant respectivement fermés suivant le sens de rotation du moteur pendant une certaine durée, de manière à lancer dans la ligne, soit un courant positif, soit un courant négatif, selon que l'aiguille indicatrice rencontre l'une ou l'autre branche de la contre-aiguille qui limite ses déplacements ; d'un dispositif mécanique constitué par une série d'engrenages et ayant pour effet de ramener la contre-aiguille dans sa position normale, c'est-à-dire de façon que les deux branches de contact soient à égale distance de l'aiguille indicatrice.

Fig. 106. — Récepteur système Richard.

Le poste récepteur comporte un relai polarisé envoyant le courant d'un circuit local dans un dispositif qui actionne l'aiguille d'un cadran indicateur et le style d'un appareil enregistreur, soit dans un sens, soit dans le sens opposé suivant que le transmetteur envoie dans la ligne un courant positif ou un courant négatif (fig. 106).

CHAPITRE VI

L'HORLOGERIE ÉLECTRIQUE

L'horlogerie électrique dérive directement de la télégraphie et remonte aux débuts de cette application de l'énergie à l'art des signaux. C'est, en effet, en 1840, que Wheatstone et Bain firent connaître, chacun de leur côté, en Angleterre, le premier compteur électro-télégraphique, qui était un récepteur chronométrique relié par un fil à un régulateur lui transmettant à intervalles réguliers une impulsion. Ce système ne pénétra en France que plusieurs années plus tard, et Breguet en fit connaître une variante, basée sur un principe analogue.

L'horloge régulatrice de Breguet était purement mécanique, et son mécanisme assez précis pour assurer une marche parfaite. A chaque minute, cette horloge fermait le circuit d'une pile sur un réseau le long duquel étaient branchées les réceptrices, en nombre variable, et composées essentiellement d'un électro-aimant faisant avancer d'une dent à chaque impulsion le rochet d'une minuterie. Ces cadrans secondaires reproduisaient donc fidèlement tous les mouvements de l'horloge-mère. Ce n'est que beaucoup plus tard que l'on a songé à supprimer tout lien, entre une horloge servant de centre horaire et les cadrans, en rendant ceux-ci autonomes, et établissant ainsi de véritables horloges électriques contenant leur moteur, au lieu de recevoir leur mouvement d'un mécanisme directeur placé au loin.

L'énergie nécessaire au déplacement des aiguilles est toujours fournie par une source chimique d'électricité : une pile. On pourrait parfaitement, — la chose a même été tentée et essayée pendant quelque temps à Paris par l'horloger Reclus, — employer un autre générateur plus économique : une petite dynamo par exemple, mais la quantité de courant nécessaire pour mouvoir une minuterie étant extrêmement faible, une pile suffit parfaitement, à la condition de fournir un courant aussi constant que possible. Les piles au sulfate de cuivre sont donc indiquées pour cet usage, de préférence aux piles à sel ammoniac dont la polarisation serait trop prompte.

L'organe moteur d'une pendule ou d'une horloge électrique est généralement un électro-aimant dont la résistance est égale à celle de la ligne, plus celle de la pile, c'est-à-dire enroulé d'un conducteur d'autant plus fin que la ligne est plus longue, de façon à contrebalancer la résistance de celle-ci.

Dans les pendules où l'électricité est l'unique force motrice, on a employé, comme émetteur de courant, tantôt le balancier, l'électro agissant à un moment donné sur une bascule (genre échappement à détente), tantôt une sorte de remontoir d'égalité, où un ressort est remonté automatiquement de temps à autre. On a encore essayé de construire en fer doux la lentille pesante du pendule, pour la soumettre, à chacune de ses oscillations à droite et à gauche de la verticale, à l'attraction des pôles d'un électro rendu actif à ce moment. Nous examinerons successivement, dans ce chapitre, les modèles basés sur l'un ou l'autre de ces principes.

Un des modèles de pendule électrique pouvant agir comme transmetteur ou comme indicateur-horaire indépendant, est celui que représente la figure 107 ci-contre. Le mouvement du balancier est entretenu au moyen d'un ressort isolé électriquement et maintenu soulevé par une bascule munie d'une palette de fer doux, en face de laquelle se trouve un électro-aimant. Le balancier porte une équerre qui, à chaque oscillation double, vient toucher le ressort. A ce moment, le circuit est fermé ; le courant arrivant par la suspension au balancier, traverse celui-ci, parvient à l'électro, le traverse et retourne de là à la pile. La palette de la bascule étant attirée, cède alors en libérant le ressort qui demeurait maintenu par un pied de biche fixé sur la bascule. En vertu de la vitesse acquise, le balancier continue son oscillation en soulevant le ressort dont le centre de flexion est à la partie supérieure, puis il revient sur lui-

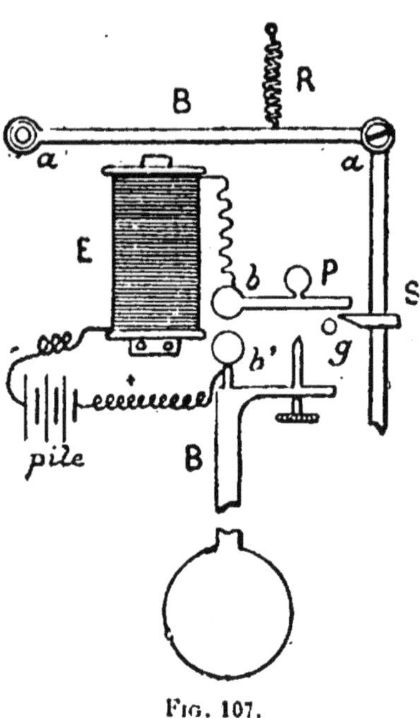

Fig. 107.

même pour effectuer une oscillation en sens contraire. Le ressort, n'étant plus maintenu par le pied de biche, l'accompagne dans son mouvement jusqu'à ce qu'il soit arrêté par la rencontre d'une pièce fixe ou d'une goupille. A ce moment, le circuit est rompu, l'électro cesse d'attirer la palette, et celle-ci reprend sa position primitive en armant de nouveau le ressort.

La continuité du mouvement est donc assurée par la pression du ressort sur le balancier, lorsque l'électro, en attirant la bascule, le met en liberté. Le mouvement du balancier est transmis à la minuterie, soit directement par l'action d'un cliquet sur un rochet, soit à l'aide d'un électro spécial placé dans le circuit, et par conséquent actif en même temps que le premier ; cet électro agit alors sur un rochet par l'intermédiaire d'un cliquet, d'une ancre, d'une détente, etc., et fait avancer la minuterie.

Ce dispositif n'était pas sans présenter de graves défauts, ainsi qu'une courte expérience ne tarda pas à le montrer. Il dépensait beaucoup d'électricité, son réglage était presque impossible à obtenir, la détérioration des contacts par les étincelles d'extra-courant, à chaque ouverture du circuit, était rapide, enfin l'isochronisme des oscillations était presque impossible à réaliser, car cette condition, cependant essentielle, dépend de l'invariabil té de l'intensité du courant.

Successivement de nombreux horlogers tels que Froment, Vérité, Robert-Houdin, Garnier, Liais, Mildé, Fournier, etc., s'efforcèrent d'atteindre ce résultat en modifiant ou perfectionnant les mécanismes, mais ce fut en vain. Ce n'est qu'à la fin du XIXe siècle que MM. Hipp, Reclus et Cauderay parvinrent, par des artifices divers, à tourner la difficulté et avoir une marche régulière, indépendante de la constance du courant et de l'amplitude de la course du pendule. Pour se rendre compte des moyens employés pour arriver à ce résultat, nous décrirons la pendule Hipp.

Le système réduit à sa plus grande simplicité consiste en une lame de ressort fixée horizontalement par l'une de ses extrémités et placée un peu au-dessous du balancier. L'autre extrémité de ce ressort vient, au repos, buter sur une vis de réglage V, alors qu'en fonction, elle vient toucher la vis isolée V' (fig. 108). Le balancier porte, au-dessous de sa lentille, une petite pièce mobile sur pivot, appelée *traîneur*; à chaque oscillation du balancier, cette pièce frotte légèrement sur les bords d'une autre pièce en saillie, fixée sur le ressort un peu au delà de la verticale. Cette saillie est pourvue de deux crans.

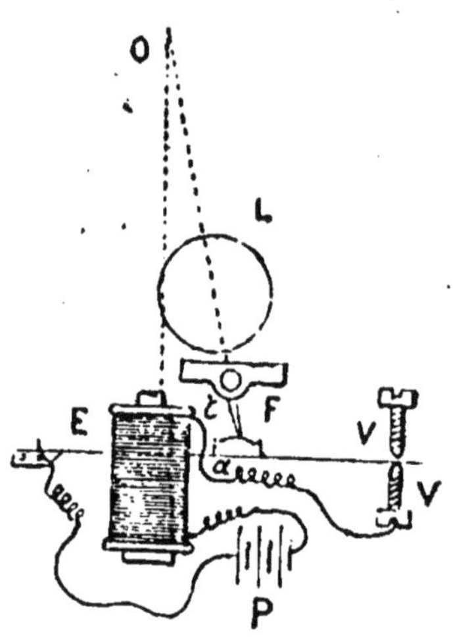

Fig. 108.

Lorsque le balancier L se trouve écarté de la verticale, le traîneur F reste d'abord en retard, retenu par la saillie ; il glisse ensuite sur cette pièce et devient de nouveau libre lorsque les deux crans de la saillie sont dépassés par le balancier dans son mouvement. Aucun effet électrique n'a eu lieu, et il en est de même tant que le balancier décrit des oscillations d'égale amplitude et décrivant un arc de cercle d'au moins 10 degrés. Mais si cet angle diminue, le traîneur n'abandonne plus la saillie ; à la vibration de retour, il y a arc-boutement, le ressort étant très flexible cède sous l'action du balancier, et, en s'abaissant, il vient toucher la vis isolée. Ce mouvement est utilisé pour restituer au balancier la force absorbée par les divers frottements, et dont le résultat a été la diminution d'amplitude des oscillations. A cet effet, sur le balancier, est fixée une palette de fer doux F, et dans le voisinage, sur la verticale, un électro-aimant E. Le courant de la pile arrive à la lame de ressort *r*, traverse cette lame abaissée, gagne la vis V, entre dans l'électro et revient à la pile. Le circuit étant complet, l'électro devient actif.

Il attire la palette F fixée sur le balancier ; l'arc-boutement cesse aussitôt, le ressort abandonne la vis V', le circuit est ouvert, et le balancier continue librement son oscillation. Si l'action de l'électro a été suffisamment énergique, l'amplitude des oscillations suivantes sera assez grande pour que le passage du traîneur sur la saillie reste sans effet. Lorsque les oscillations deviendront plus petites, un nouvel effet électrique se produira. Un système de rochets et de cliquets fait alors avancer la minuterie.

En réglant le jeu du mécanisme et l'intensité du courant, la différence d'amplitude des oscillations peut être réduite à moins de deux degrés, et le nombre des émissions du courant à un passage par minute. La durée de passage du courant est très courte ; il en résulte que le travail de la pile est très faible, ce qui permet de se servir d'éléments Leclanché pour actionner cette pendule, qui est absolument indépendante et représente ce qui a été imaginé de plus parfait dans cet ordre d'idées.

Ayant constaté la difficulté de réaliser un fonctionnement régulier par les méthodes précédentes, les horlogers-électriciens imaginèrent, vers 1857, de tourner l'obstacle et de limiter le travail de l'électricité à opérer le remontage périodique du ressort moteur d'une horloge ordinaire.

La première horloge à remontoir électrique paraît avoir été construite par Breguet. L'action du courant est utilisée à armer un petit ressort en spirale dont la détente entretient les oscillations d'un pendule par l'intermédiaire d'une roue d'échappement et d'une ancre, comme dans les pendules ordinaires. Ce résultat est obtenu par le jeu d'un levier angulaire à bras inégaux pouvant être animé d'un petit mouvement de rotation autour de son sommet. Mais, à l'usage, on dut reconnaître de graves défauts à cet agencement ; en premier lieu, une usure rapide de la pile par suite de la fréquence des contacts, et le retard plus ou moins considérable que subit l'horloge quand il vient à se produire des ratés. Ceux-ci peuvent même, s'ils se reproduisent fréquemment, amener une distension du ressort moteur telle que celui-ci ne peut plus entretenir le mouvement du mécanisme d'horlogerie. Alors l'appareil s'arrête, et la pile reste fermée sur elle-même en court-circuit, ce qui amène sa décharge complète en peu de temps.

Divers constructeurs ont essayé de remédier à cet inconvénient en espaçant davantage les émissions de courant. M. Reclus, entre autres, est parvenu à éviter cet écueil en parant à l'incertitude du contact, même au cas où 120 contacts viendraient à manquer successivement. Son modèle peut fonctionner deux heures sans que l'électricité agisse, ce qui permet de changer la pile, réparer la ligne, déplacer la pendule, etc. Après un intervalle de temps quelconque inférieur à deux heures, si la pile vient à agir, soit qu'elle ait été interrompue accidentellement, soit même qu'elle se soit polarisée, le premier effet de l'électro est de commencer le remontage, lequel s'opère jusqu'au bout sans discontinuer, par une série de mouvements consécutifs rapides de l'armature. Le travail de la pile dure au maximum douze minutes par jour ; l'usure est donc très faible. Le fonctionnement s'opère comme suit (fig. 109) :

Si l'on envoie dans l'électro-aimant S une série de courants interrompus, cet électro attirera et abandonnera successivement à l'action du ressort *r* l'armature *k* qui oscillera autour de son articulation *k*. Les cliquets *m* et *n* qui sont articulés à cette armature suivront ses mouvements et feront respectivement tourner d'une dent, à chaque oscillation, les rochets *d* et *e*, le cliquet *m* agira par traction pendant sa descente sous l'action du magnétisme développé par l'électro, lequel comporte une ou deux bobines. Quant aux cliquets *m* et *n* ils ont simplement pour fonction de retenir en place les rochets, pendant que les cliquets moteurs passent d'une dent à la suivante.

On voit donc que, si l'électro S est traversé par une série de courants convenablement réglés, les rochets *d* et *e* seront actionnés par leurs cliquets respectifs, et que par conséquent les barillets du mouvement et de la sonnerie seront eux-mêmes remontés par cette action, puisque, d'une part, le rochet *d* est relié au barillet du mouvement *c'* par le manchon *d'* et le crochet *d''* fous sur l'axe *a*, et que, d'autre part, le rochet *e* étant calé sur l'axe *a* met en mouvement les roues *b* et *f* qui actionnent le barillet de la sonnerie *g*. On comprend, par suite, comment, au fur et à mesure que le ressort du barillet du mouvement se détend pendant la marche de l'appareil, le courant peut actionner l'électro et faire mouvoir les cliquets qui remontent les barillets.

Dans un autre système de remontage électro-automatique dû à J. Richard, le constructeur bien connu d'instruments de précision, le barillet moteur est supprimé ; il est remplacé par un ressort à boudin dont la détente fait tourner le rochet de minuterie par l'intermédiaire d'un cliquet articulé à l'extrémité d'un levier qui porte à son autre extrémité l'armature d'un électro-aimant. Le fonctionnement de ce système est le suivant :

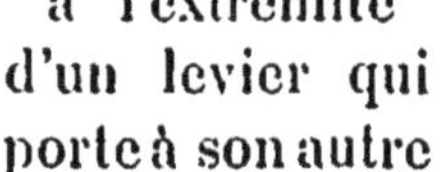

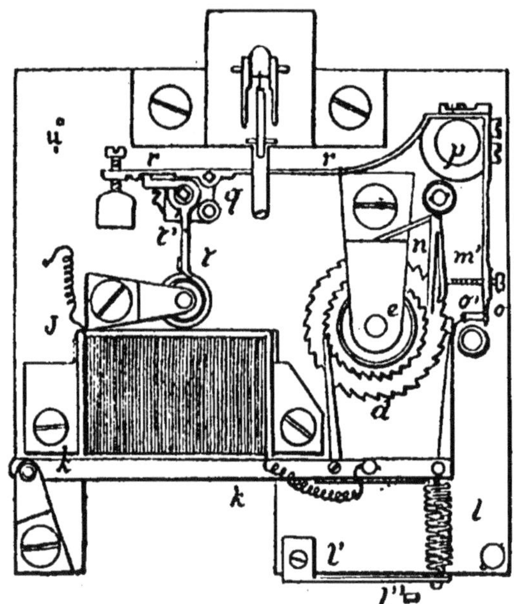

Fig. 109. — Horloge électrique Reclus.

Lorsque le ressort est détendu, la pendule est arrêtée, mais ce fait ne se produit pas, parce qu'à l'instant où le ressort est sur le point d'avoir dépensé sa provision d'énergie, la vis régulatrice V (fig. 110) presse contre le levier vertical BO, en surmontant la résistance du ressort *r*. A ce moment, l'extrémité du levier O'B' se trouvant dégagée, cette pièce obéit à la poussée du ressort et vient buter contre un arrêt G, ce qui ferme le circuit sur l'électro. L'armature bascule autour de son pivot, et le ressort *r* se trouve tendu en même temps que le cliquet se relève. Vers la fin de la course, le bras tendeur remonte le levier O'B' par l'intermédiaire de la vis V', en sorte que le levier vertical BO reprend de lui-même sa position de repos. Le courant est interrompu et le cliquet agit sur le rocher C. Ces divers mouvements s'exécutent en une très petite fraction de seconde et se reproduisent toutes les 20 secondes environ.

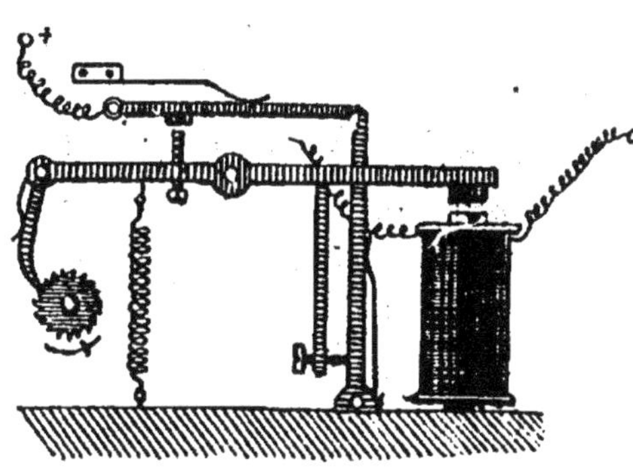

FIG. 110.

Ces contacts ont lieu toutes les minutes dans le modèle de pendule de Callaud, et toutes les heures seulement dans les pendules à sonnerie de Japy. Le remontage, dans ce dernier système s'effectue au moyen d'un petit moteur magnéto-électrique de Gramme, et, malgré cela, il se produit encore des ratés, et cette cause de perturbation a nui en partie au succès de cet appareil.

Un remontoir électrique est appliqué, dit M. Georges

Dary dans son ouvrage *A travers l'électricité*, à l'horloge monumentale décorant la façade des magasins Dufayel à Paris. Le poids moteur et le poids tendeur sont soutenus par une chaîne sans fin guidée par des poulies fixes. Aussitôt que l'un de ces poids est arrivé à quelques centimètres du bas de sa course, il vient toucher un contact électrique qui met en action une petite dynamo placée au-dessus de l'horloge. Ce moteur relève le poids jusqu'au point culminant de sa course où il touche un nouveau contact qui coupe le courant.

Dans un autre modèle de remontage applicable aux pendules d'appartement, le poids est fixé sur le grand bras d'un levier angulaire tournant librement sur un axe ; ce poids agit sur le rouage de la pendule par l'intermédiaire d'un cliquet s'engageant entre les dents d'un rochet. Le petit bras du levier porte une touche qui, pendant la rotation des mobiles, vient au contact d'une came montée à pivots libres dans la cage de la pendule. Sur l'arbre de la came est fixé un grand rochet à dents très fines, qui peut être poussé par un doigt articulé ajouté à l'armature verticale d'un électro placé à la partie inférieure de la cage. Cette armature est animée d'un rapide mouvement de va-et-vient, comme le trembleur d'une sonnerie électrique, et qui commence aussitôt que le circuit passant par le levier est fermé par la touche. Le mouvement alternatif de cette armature est transformé par le rochet en un mouvement circulaire qui produit le relèvement du poids par la came. Lorsque cette dernière dépasse la touche il y a coupure du courant, mais, en vertu de la vitesse acquise et de la forme qu'elle présente, la came débarrassée de la touche obéit à la gravité et vient prendre une position de repos que le prochain contact rompra, ainsi qu'il vient d'être indiqué. Les contacts se succèdent tous les quarts d'heure environ, et la durée du remontage est assez courte pour que le fonctionnement de l'appareil chronométrique ne s'en trouve pas affecté.

Jusqu'à présent nous ne nous sommes occupé que des pendules électriques indépendantes ou simplement remontées à intervalles variables par l'électricité ; il est temps de revenir à la transmission télégraphique de l'heure, et à la distribution ainsi qu'à l'unification de l'heure.

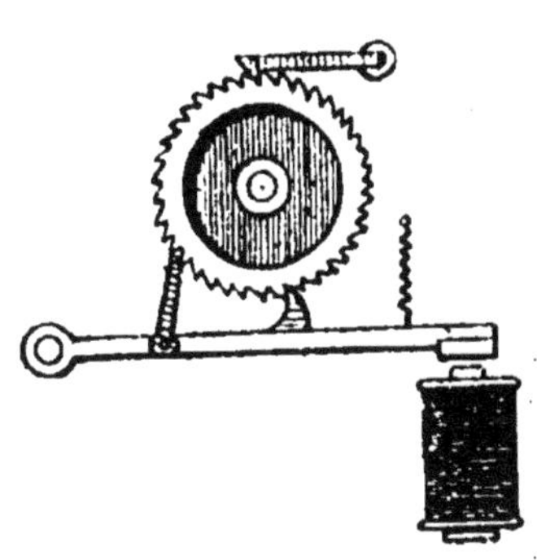

Fig. 111. — Compteur électro-chronométrique.

Dans un système de ce genre, on désigne sous le nom d'*horloges-mères* les régulateurs placés au centre horaire et ayant pour but de transmettre l'heure aux cadrans secondaires appelés aussi compteurs *électro-chronométriques* (fig. 111). Ces horloges peuvent avoir pour moteur, soit un poids, soit un ressort, et être par suite purement mécaniques, ou entièrement électriques. Leur principale qualité doit être une rigoureuse précision, de façon à ce qu'elles transmettent des indications sûres à tous les cadrans placés sous leur dépendance.

L'appareil de distribution du courant doit être indépendant et ne pas influencer la marche de l'horloge-mère, afin d'assurer constamment un bon contact. C'est la partie la plus délicate du mécanisme, car c'est de cet *émetteur* que dépend la régularité de succession des émissions du courant. S'il est en mauvais état et qu'il se produise des ratés par défaut de contact, les compteurs électro-chronométriques cessent d'être d'accord avec l'horloge-mère. Il faut que l'interrupteur n'offre aucune résistance au passage du courant, de manière à éviter toute étincelle de rupture pouvant amener l'oxydation des surfaces, aussi a-t-on établi celles-ci en métaux très peu altérables, tels que l'or et le platine, ou encore le mercure contenu dans des godets étanches. Parmi les meilleurs types d'émetteurs qui aient été proposés, il faut citer ceux de Napoli, de Liais et surtout de Hipp (fig. 112), qui donnent d'excellents résultats.

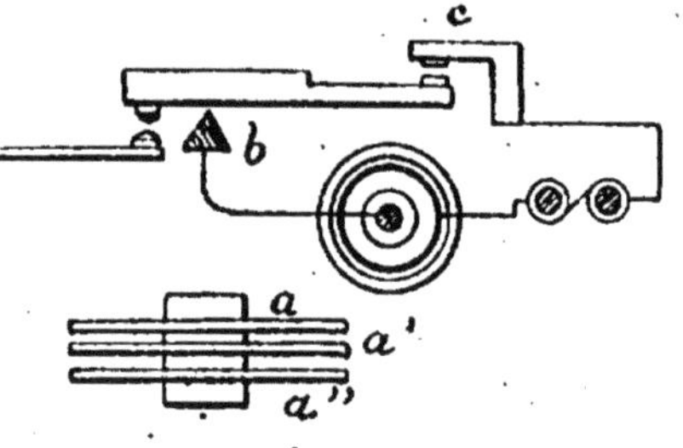

FIG. 112. — Émetteur de Hipp.

Dans son système d'unification de l'heure, ce dernier inventeur a employé, comme horloge-mère, sa pendule électrique que nous avons décrite plus haut, et en ajoutant à son émetteur à couteaux un commutateur-inverseur de courant capable de changer à chaque minute le sens de ces émissions. Les interrupteurs sont munis d'un dispositif évitant les effets nuisibles de l'extra-courant. Avec six appareils de ce genre, une horloge-mère peut actionner jusqu'à cent cinquante compteurs. Si le réseau de cadrans secondaires atteint un développement plus considérable, l'horloge-mère doit être construite en conséquence, et c'est pourquoi M. Hipp a imaginé un régulateur à poids qui déclanche à chaque minute un mouvement d'horlogerie chargé d'opérer les émissions et les renversements de courant. Les compteurs électro-chronométriques sont également très rationnellement conçus. L'axe de l'aiguille des minutes ou des secondes, suivant la fréquence des émissions du courant moteur, porte une roue d'échappement dentée sur le côté et sur la périphérie. Sur la circonférence, les dents sont soumises à l'impulsion des deux palettes d'une verge et constituent avec celle-ci un véritable échappement à roue de rencontre. L'axe de cette verge, qui est vertical, porte l'armature qui, sous l'influence des courants alternatifs envoyés par l'horloge-mère dans l'électro-aimant, oscille entre les pôles de cet électro. A chacune de ces oscillations, dont l'amplitude est de 60 degrés d'arc, l'une ou l'autre des palettes de la verge fait avancer d'une demi-dent la roue d'échappement; celle-ci ayant trente dents fait donc un tour en une minute ou en une heure, suivant que le courant arrive toutes les secondes ou toutes les minutes. L'armature est polarisée par l'action d'un aimant permanent qui influence en même temps les noyaux de l'électro-aimant. Si donc l'extrémité de l'armature est un pôle nord, les extrémités des noyaux seront des pôles sud, et attireront cette armature qui restera appliquée contre le noyau le plus proche. Ce fait ne se produit qu'autant qu'il ne circule aucun courant dans les bobines, autrement l'électro deviendrait pour son compte, et indépendamment de l'aimant permanent, un aimant temporaire, ayant aux extrémités de ses barreaux deux pôles de noms contraires; le pôle qui a le même nom que l'armature la repoussera tandis que l'autre l'attirera; et, si la position de cette armature est convenable, un mouvement aura lieu, soit dans un sens, soit dans l'autre. Lorsque le courant cesse d'animer l'électro, celui-ci retombe sous l'influence unique de l'aimant permanent, et l'armature reste appliquée contre le noyau où elle demeure jusqu'à ce qu'une nouvelle émission de courant, de sens contraire au précédent, vienne la placer contre l'autre noyau. Un cliquet de retenue travaillant sur la périphérie dentée de la roue d'échappement, empêche le recul de cette roue. Les palettes de la verge servent en même temps de leviers d'impulsion et de butoirs d'arrêt ; il n'y a pas besoin de ressort antagoniste sujet à se rouiller à la longue et à se détendre.

Ce système de compteur est très bien compris, aussi fournit-il une marche très régulière. Mais lorsque, pour une raison ou pour une autre, on ne peut l'utiliser, notamment quand on possède déjà les cadrans secondaires, il faut recourir à une autre disposition électromécanique pour produire à intervalles réguliers l'avancement des aiguilles. On utilise alors un déclanchement automatique, surtout si les dimensions de ces horloges secondaires à mettre en action dépassent certaines limites, au-dessus desquelles le courant envoyé par l'horloge-mère serait insuffisant pour produire le mouvement. Ces horloges secondaires sont entièrement mécaniques, et leur moteur est un poids. Une détente commandée par un électro en relation avec l'horloge-mère, déclanche les rouages à intervalles réguliers ; ceux-ci font parcourir aux aiguilles une division du cadran, puis s'arrêtent automatiquement. Le poids est remonté à intervalles fixes. L'armature de l'électro est polarisée et l'appareil peut être mis en relation mécanique avec le mécanisme d'une sonnerie à poids moteur frappant les heures et les quarts d'heure.

La plus grande horloge de clocher du continent, celle de Saint-Pierre de Zurich, a été munie par M. Hipp d'une détente électrique de ce genre, intercalée dans le réseau des horloges électriques de la ville ; elle marche avec la même quantité de courant que celle qui suffit aux petits compteurs électro-chronométriques de 25 centimètres de diamètre. Ses quatre paires d'aiguilles pèsent quatre quintaux, et le diamètre de chacun de ses cadrans est de 10 mètres.

On peut encore employer, pour produire le déclanchement d'horloges à poids, des électro-aimants à armatures plates, ainsi que cela existe dans les modèles Gondolo, Kaiser et Lagarenne. Dans les horloges de clocher établies par ce dernier, c'est le courant électrique qui remonte le poids moteur, et cette action se produit pendant les soixante secondes qui séparent deux déclanchements successifs, au moyen d'un électro-aimant spécial. Ce dispositif est assez ingénieux, toutefois il présente l'inconvénient de dépenser cinq ou six fois plus d'électricité pour le même travail que les armatures polarisées, en raison de l'usage qui s'y trouve fait des armatures plates.

Il est encore un procédé différent des précédents, dans lequel l'électricité joue encore un rôle. Au lieu de construire des pendules ayant un électro et une pile pour moteur, à la place d'un poids ou d'un ressort, ou bien de faire marquer l'heure à distance par des cadrans en relation télégraphique avec un régulateur, on a songé à limiter le jeu de l'électricité à la correction des écarts dus à diverses causes affectant des cadrans secondaires à mouvement purement mécanique. Plusieurs procédés ont été appliqués pour obtenir ce résultat. Dans l'un, le courant correcteur, envoyé à longs intervalles, (toutes les six, douze ou vingt-quatre heures), a pour fonction d'opérer instantanément la remise à l'heure, en ramenant les aiguilles des cadrans secondaires à la même position que celle de l'horloge directrice. Dans le système dit *par synchronisation*, les cadrans secondaires sont des horloges mécaniques à ressort moteur et à régulateur ; le courant correcteur envoyé par l'horloge-mère, agit directement sur le pendule oscillant en accélérant ou en retardant ses battements, suivant que les horloges réceptrices retardent ou avancent sur l'horloge-mère. Les émissions de courant sont donc beaucoup plus fréquentes ; elles ont lieu toutes les secondes ou toutes les demi-secondes, plus rarement toutes les minutes, et elles ont pour effet de synchroniser absolument les oscillations des pendules de tous les indicateurs secondaires, en les faisant battre en même temps que le balancier de l'horloge placée au centre horaire (fig. 113).

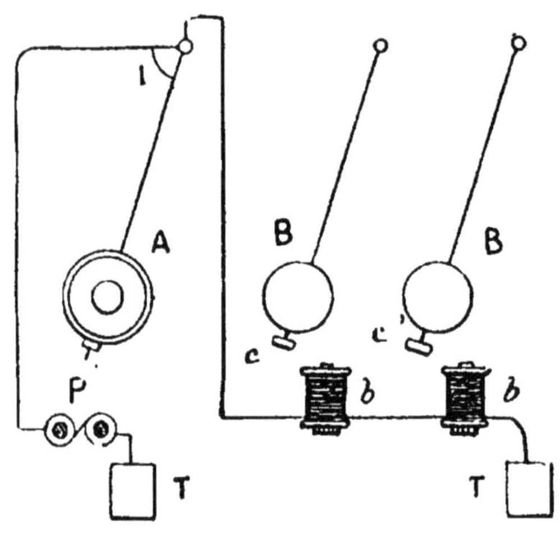

FIG. 113. — Synchronisation des pendules électriques.

Notons en passant que les différentes méthodes de

réglage et de transmission de l'heure décrites jusqu'à présent ont été appliquées, soit indépendamment les unes des autres, soit combinées ensemble, de manière à réunir les avantages caractérisant chacune d'entre elles.

Un système de remise à l'heure très simple est celui qui a été préconisé par M. Borrel successeur de Wagner, célèbre horloger parisien. La roue d'échappement est à chevilles et porte, sur son contour extérieur, deux dents, dont nous verrons plus loin l'utilité. Les cadrans récepteurs sont réglés avec six secondes d'avance par heure. Quand le centre horaire envoie le courant correcteur, l'électro devient actif et attire à lui un bras de levier dont la tête descend; la première cheville vient buter dessus et produit l'arrêt de la roue d'échappement. Le pendule oscille à vide tant que le courant passe, puis reprend sa marche une fois que le levier s'est détaché, la remise à l'heure se trouvant effectuée. Cette disposition limite l'étendue de la correction à un demi-tour de la roue d'échappement. Aussi est-il nécessaire, afin de

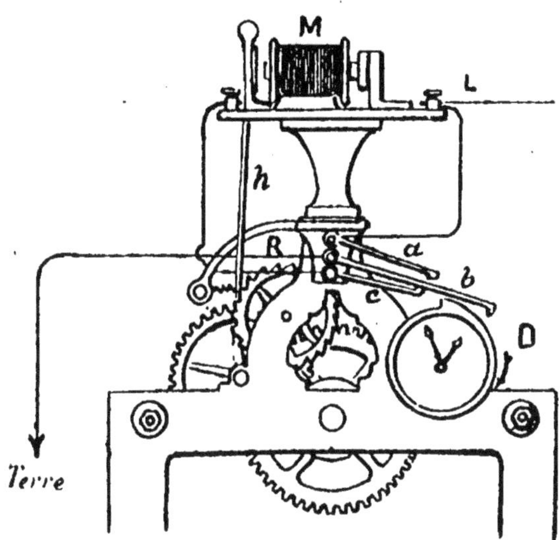

Fig. 111. — Appareil Collin Wagner.

ne pas laisser le récepteur galoper à l'avance et d'assurer la correction progressive d'une avance exceptionnelle, de mettre sur le champ de la roue d'échappement en arrière de la goupille normale, une ou deux chevilles de sûreté sur lesquelles l'arrêt puisse se faire si la première a dépassé le levier au moment où il s'abaisse. La goupille normale ne vient buter, naturellement, que quand l'aiguille du cadran arrive à la soixantième seconde. Si, par suite d'une légère différence, le levier laissait passer la cheville sans produire l'arrêt, celui-ci aurait forcément lieu sur la goupille suivante, et l'erreur peu importante qui en pourrait résulter serait ainsi corrigée (fig. 114).

Les systèmes basés sur la synchronisation présentent sur ceux de remise à l'heure le grand avantage de distribuer l'heure avec une rigoureuse précision, mais ils ont, par contre, l'inconvénient de mettre à contribution dans une mesure exagérée, la pile fournissant le courant correcteur, en sorte qu'il est de toute nécessité de n'employer, pour cette application, que des piles à grand débit et aussi constantes que possible, ou des accumulateurs.

Cependant, au lieu de procéder par une influence constante sur les pendules des cadrans secondaires, on peut n'envoyer le courant de synchronisation qu'à des intervalles assez éloignés, toutes les heures par exemple. Alors la consommation d'électricité est beaucoup moindre, et des éléments Leclanché à sac, avec zinc circulaire, peuvent suffire. Enfin, lorsque le courant chargé de maintenir le synchronisme acquiert une certaine intensité, il peut à lui seul entretenir le mouvement des cadrans secondaires, et de correcteur il devient moteur. C'est d'après ce principe que M. Liais a établi ses compteurs électro-chronométriques à pendule, dans lesquels le courant passant toutes les demi-secondes, entretient les oscillations d'un pendule battant la demi-seconde et réagissant, au moyen d'un rochet et de cliquets d'impulsion, sur les aiguilles du cadran.

Il a été question d'appliquer ce système de réglage à toute la France, en utilisant les lignes télégraphiques que l'on emprunterait quelques secondes seulement chaque heure, et certaines Compagnies de chemins de fer ont tenté quelques expériences sur ce sujet. A Berlin, on est parvenu à régler des horloges en employant le courant de la distribution d'énergie électrique servant à l'éclairage. Pour cela, tous les matins, pendant quelques minutes, l'usine centrale abaisse la tension du courant distribué, et un électro-aimant agit sur la minuterie des horloges secondaires placées chez les abonnés et les remet à l'heure.

A Paris, l'heure officielle est donnée électriquement à quatorze centres horaires représentés par des cadrans d'horloges ordinaires à poids dont les balanciers se trouvent synchronisés par une horloge directrice placé à l'Observatoire, qui envoie dans les électros dont ces cadrans sont munis, un courant correcteur toutes les secondes. Les cadrans de ces centres horaires sont placés aux points suivants.

Circuit Ouest: Mairies des IIe et VIe arrondissements, rue de la Trinité, écoles de Saint-Philippe du Roule, de la rue Eblé, de l'avenue Rapp; place Denfert-Rochereau. *Circuit Est* : Hôtel de ville, rue de la Coutellerie; mairies des IXe et X^e^ arrondissements, Conservatoire des Arts et Métiers, écoles du boulevard Diderot, Marché aux Chevaux.

Chacune de ces horloges remet à son tour électriquement à l'heure à des époques fixes, les cadrans des édifices publics situés dans les environs.

L'émission de courant provoquée par l'horloge directrice à chaque oscillation passe par les électro-aimants synchronisateurs, et les pendules des horloges secondaires battent à l'unisson avec le pendule qui les commande. Toutes les aiguilles de ces récepteurs suivent exactement le mouvement des aiguilles de l'horloge directrice de l'Observatoire. Celle-ci est une pièce de haute précision construite par le célèbre horloger Berthoud ; elle est munie d'un balancier compensateur à gril, battant la seconde, qui ferme le circuit d'une pile sur la ligne de distribution à chacune de ses oscillations.

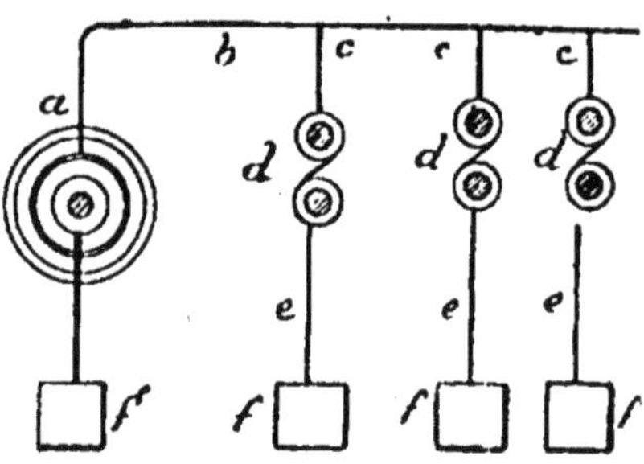

FIG. 115. — Montage des cadrans récepteurs en dérivation. — a, pile. — b, c, ligne de distribution. — d d, cadrans. — e e, dérivations. — f f, prises de terre.

L'Observatoire envoie aussi, à époques fixes, et par les lignes télégraphiques, l'heure de Paris aux observatoires de plusieurs villes.

A Neufchâtel, l'Observatoire est relié électriquement à douze centres de population, dont la distance au point d'origine du réseau, varie entre 2 et 156 kilomètres ; les cadrans unifiés sont au nombre de sept cent cinquante, et on utilise pour la transmission, du signal d'heure les lignes télégraphiques de l'État.

En Angleterre, l'Observatoire de Greenwich donne l'heure à tous les quartiers de Londres. A Liverpool, à Edimbourg, à Rome, à New-York, des « boules du temps », — *time's ball*, — hissées au sommet de mâts élevés, tombent de leur support à midi sonnant et annoncent ainsi le midi précis aux habitants des quartiers voisins.

Il est nécessaire, dans une distribution de l'heure à distance, de grouper les compteurs en dérivation et non pas en tension, pour ne pas additionner les résistances des électro-aimants récepteurs, ce qui nécessiterait une pile composée d'un très grand nombre d'éléments groupés en série. Il faut équilibrer toutefois ces dérivations de telle façon que chaque cadran reçoive la même quantité d'énergie que son voisin. Quand les distances séparant ces cadrans les uns des autres sont considérables, les résistances de chaque dérivation peuvent être très différentes ; il est alors nécessaire d'établir dans les récepteurs les plus rapprochés de la source d'électricité, des résistances calculées d'après la longueur des fils se rendant aux cadrans les plus éloignés. La construction de ces petits rhéostats est très simple et peut être exécutée par le premier ouvrier électricien ou horloger venu.

En général, on ne se sert, pour la transmission électrique de l'heure, que d'un seul fil, comme en télégraphie ; la terre sert de fil de retour commun à toutes les dérivations. Si le fil employé pour les lignes du réseau a une grande conductibilité, si la résistance des électros des récepteurs est choisie assez grande, si la distance qui sépare de l'horloge-mère le cadran le plus éloigné n'est pas très considérable, si enfin les récepteurs sont assez sensibles pour fonctionner avec des intensités de courant légèrement différentes, on peut négliger complètement les résistances compensatrices. Ces conditions se trouvent remplies avec les compteurs de Hipp, lorsqu'on adopte pour les lignes du fil de bronze silicieux de 2 millimètr s de diamètre et pour chaque récepteur une résistance intérieure de 150 ohms, et lorsque la distance maxima des cadrans au régulateur horaire central ne dépasse pas 3 kilomètres. Les différences d'intensité du courant varient alors de 4 à 5 milliampères ; c'est dire qu'elles ne peuvent avoir aucune influence fâcheuse sur la marche du réseau, puisqu'un récepteur de ce système peut supporter des variations de courant allant de 15 à 20 milliampères.

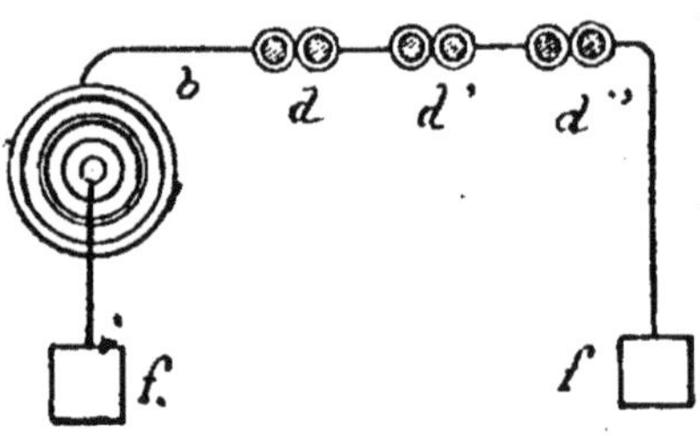

FIG. 116. — Montage des compteurs électro-chronométriques en série.

Telles sont les dispositions à donner aux circuits de distribution de l'heure par l'électricité qui doivent être observées pour obtenir pleine satisfaction de cette transmission particulière de signaux. Nous terminerons sur ce sujet en donnant la description d'une application rentrant dans cette classe de l'horlogerie électrique : nous voulons parler des carillons, complétant certains de ces indicateurs horaires et que l'on peut actionner par l'électricité, au lieu de poids ou de ressorts moteurs.

Dans le carillon électrique de Grace Chapel, à New-York, le courant est fourni par une batterie d'accumulateurs rechargée deux fois par mois par les dynamos de l'établissement. A défaut de ces dernières et de la batteric, le courant peut être emprunté au circuit d'éclairage. Le moteur, disposé sur un prolongement du socle, qui porte le mécanisme de l'horloge, est accouplé par une petite courroie avec la roue de l'échappement qui se trouve ainsi soumise à un effort analogue à celui qu'exercent les poids dans une horloge ordinaire. Ce mouvement étant disposé dans une petite salle spéciale, l'avancement de la minuterie est transmis aux aiguilles du cadran installé sur une tour, par un système de pignons et d'engrenages.

C'est une came, disposée sur l'arbre de la roue des minutes, qui établit un contact fermant le circuit sur un disque claveté sur l'arbre des heures. Il y a quatre contacts régulièrement disposés sur ce disque ; par suite, chaque quart d'heure le courant est lancé dans un relais électromagnétique qui déclanche le cylindre commandant le carillon.

Ce cylindre, analogue à celui des boîtes à musique, est pointé sur sa périphérie et ces pointes viennent, lorsque le cylindre tourne sous l'effort du moteur, soulever de petites clés afin de faire passer le courant dans les conducteurs correspondants qui aboutissent tous au beffroi dans la chambre des cloches. Celles-ci, au nombre de dix, pèsent, suivant leur taille, de 115 à 1.350 kilogrammes. A leurs battants sont fixées des chaînes qui s'accrochent chacune au noyau de dix puissants solénoïdes disposés au-dessous. Dès que les aiguilles du cylindre tournant viennent à toucher dans un certain ordre les clés ou leviers du manipulateur automatique, un courant traverse les fils des solénoïdes correspondants qui attirent les armatures et font, par suite frapper, en tirant sur la chaîne, le battant contre la cloche.

En outre du mécanisme automatique qui sonne les heures, les demies et les quarts, et qui peut aussi jouer quelques airs, il existe un clavier séparé, en connexion électrique avec les solénoïdes du beffroi, et qui complète l'installation. Ce clavier est installé dans une salle située au rez-de-chaussée de la tour, et l'artiste peut jouer tous les airs que peut lui permettre le peu de notes dont il dispose. Tous les soirs à neuf heures, le carillon électrique fait retentir aux oreilles des habitants de l'établissement philanthropique qu'est Grâce Chapel, l'hymne du couvre-feu, puis tout se tait, et l'horloge reste silencieuse jusqu'au matin, respectant le sommeil des malades ; mais, pour que ceux-ci ne soient pas privés de cette harmonie quotidienne, les cloches sont munies de leviers de bois, afin qu'on puisse remédier à un dérangement quelconque survenant aux connexions électriques.

CHAPITRE VII

LES SIGNAUX SUR LES CHEMINS DE FER

Dès que la vitesse des trains atteignit un certain chiffre, il fallut se préoccuper d'assurer la sécurité de la circulation des convois sur les voies ferrées, et d'éviter qu'un train à marche lente fût rejoint en cours de route, par un autre animé d'une vitesse supérieure. On avait bien le télégraphe, mais cet utile appareil ne pouvait indiquer à tout instant l'emplacement occupé par un convoi sur la ligne, et son rôle devait se borner à des communications pour le service des gares, l'annonce de l'arrivée ou du départ des différents trains. Une fois ceux-ci perdus de vue et lancés en pleine voie, on n'avait plus de nouvelles de ce qu'ils devenaient, et c'était là une source constante d'inquiétudes.

C'est alors qu'on imagina de diviser les lignes en sections distinctes, de un ou plusieurs kilomètres de longueur chacune, et de protéger ces sections successives par un système de signaux avertissant qu'elles étaient libres ou occupées par un train les franchissant ou arrêté sur un point de la section. On put ainsi augmenter le nombre de convois circulant sur la ligne, en substituant à l'intervalle de temps établi primitivement entre eux, un intervalle de distance. On donna à cet agencement une désignation anglaise, son inventeur étant un Anglais nommé Cooke, celle de *block-system*, qui indique bien qu'il s'agit de *bloquer*, d'interdire l'accès d'une section quand elle est déjà occupée, bien que, dans certaines modifications de ce système, la prohibition ne soit pas absolue.

Les extrémités de chaque section ou canton sont gardées par des postes munis d'appareils particuliers permettant au *poste d'arrivée* de débloquer dès la sortie du train, la section fermée derrière ce train par le *poste d'entrée*. En raison de la distance qui sépare ces postes, les indications et les manœuvres sont effectuées à l'aide de l'électricité. Les appareils du début, imaginés en 1847 par M. Regnault, ont été notablement perfectionnés depuis cette époque par Siemens et Halske, Lartigue, Prudhomme, Saxby, Sartiaux, qui les ont modifiés suivant les besoins et leur ont adjoint certains accessoires dont l'expérience avait montré la nécessité. Nous décrirons ici le fonctionnement du block-system tel qu'il est adopté par les principales Compagnies de chemins de fer.

Le principe consiste à interdire, par l'apparition d'un signal voyant, l'accès de la section où un train vient de pénétrer, en même temps que l'on rend libre à la circulation la section qu'il vient de quitter.

Un poste intermédiaire d'une ligne à double voie comprend donc deux appareils Regnault à deux aiguilles desservant, l'un la voie montante, l'autre la voie descendante. L'un des tableaux est commandé par le poste précédent, l'autre commande la section suivante. Dès qu'un convoi a franchi un poste que nous appellerons, pour nous faire mieux comprendre, le poste 1, l'aiguilleur a pressé le bouton de la voie montante, par exemple, du deuxième tableau, l'aiguille de ce tableau quitte aussitôt sa position verticale sous l'action du courant électrique, et ce courant fait incliner en même temps l'aiguille du poste n° 2 dans le sens de la marche du train, ce qui indique qu'il pénètre dans la section 1, et il actionne les signaux de l'*électro-sémaphore*.

On donne ce nom à un mât en fers assemblés, de 8 à 10 mètres de haut, soutenant des ailes en fer à claire-voie de grandes dimensions, peintes de différentes couleurs et visibles de très loin. Ces ailes, montées sur pivots et munies de contrepoids, peuvent basculer de façon à prendre à volonté une position horizontale ou verticale. Cet appareil est donc une espèce de télégraphe aérien mû par l'électricité.

Lorsque le courant lui parvient donc, par la manœuvre exécutée au poste n° 1, l'électro-sémaphore redresse horizontalement une petite aile jaune, celle qui correspond au sens du train : cela indique que celui-ci est entré dans la section 1. Il défile devant l'électro-sémaphore ; on débloque alors la section 1 et on bloque la suivante. Pour cela le gardien du poste 2 pousse du doigt le bouton de l'appareil Regnault qui correspond au poste n° 1, et l'aiguille reprend la position verticale indiquant que la voie est libre dans la section 1. Il lance ensuite le courant dans le deuxième appareil correspondant au poste n° 3, de façon à faire occuper à l'aiguille de cet appareil une position oblique, vers la mention « *occupée* ». Cela fait, il se rend au sémaphore et, par la manœuvre d'une manivelle actionnée à la main, il lève la grande aile rouge surmontant cet indicateur, et qui se met horizontale. En même temps, l'aile jaune du sémaphore du poste n° 3 se met dans la même position et cet ensemble de manœuvres bloque la section 2, car tout train survenant alors devrait s'arrêter devant ces signaux. Le gardien ne peut faire disparaître lui-même l'aile rouge de son sémaphore. Seul, le poste suivant, quand le train est passé devant lui, peut la faire retomber, en même temps qu'il abaisse sa propre ailette jaune, et ainsi de suite. Quant à la mise à l'arrêt du disque-signal avancé, elle est électriquement solidaire du déclanchement de la grande aile rouge de l'électro-sémaphore, et, afin de rendre plus efficace le système de protection, le mécanisme est tel que l'employé ne peut débloquer une section sans avoir bloqué en même temps la section suivante et avoir mis à l'arrêt le disque avancé.

L'appareil Tyer, appliqué en Angleterre dès l'année 1852, et encore aujourd'hui en France sur certains réseaux, donne des indications analogues à celles de l'appareil Regnault, tout en restant, comme celui-ci, indépendant des signaux. Cependant, bien que la pratique n'ait révélé aucun inconvénient à cet agencement, on a trouvé préférable d'établir une liaison entre les signaux et les appareils électriques d'une part, et d'autre part, entre les cantons du *block*, de manière à obliger l'employé chargé de ces manœuvres, ou *stationnaire*, de couvrir tout train entrant dans un canton, avant de libérer le canton précédent, et c'est cette disposition qui a prévalu sur plusieurs réseaux de chemins de fer français.

Dans le système Jousselin et Rodary, appliqué sur le Paris-Lyon-Méditerranée, le levier manœuvrant le sémaphore ou signal de cantonnement, est relié, au moyen de bielles ou de renvois, à une tige horizontale qui peut être immobilisée par un verrou reposant au repos dans une encoche. Lorsqu'un courant de sens convenable parcourt l'électro-aimant, celui-ci repousse la palette de fer doux polarisée d'une façon permanente par un aimant en fer à cheval, autour des extrémités duquel elle pivote, et, le ressort antagoniste aidant, l'autre extrémité de cette palette relève le verrou et dégage la tige, laquelle permet alors la mise à voie libre du sémaphore. Mais, dans ce mouvement vers la droite, (comme vers la gauche, au retour) cette tige relève, par l'intermédiaire d'une pièce mobile pourvue d'une saillie, la palette, et la fait adhérer au noyau de l'électro, ce qui permet au verrou de retomber dans l'encoche lorsque le sémaphore aura repris sa position de repos. Dans son retour vers la gauche, la tige tire sur un des boutons commutateurs, grâce à la saillie du levier mobile, à la bielle et à un renvoi placé sur un pont à côté du bouton dit de correspondance. Ce bouton vient au contact de ressorts fermant le circuit, et il envoie ainsi au poste suivant un courant positif, servant à annoncer l'arrivée du train par le tintement d'une sonnerie à trembleur.

L'autre bouton, dit de *remise à voie libre*, sert à envoyer un courant négatif libérant, ainsi que nous l'avons expliqué, l'électro-sémaphore du poste précédent. Il est immobilisé, à l'état normal, par le verrou pénétrant dans l'encoche; mais, lorsque le signal avancé est mis à l'arrêt, le courant électrique, passant à la terre par le commutateur de ce signal, traverse l'électro-aimant qui attire sa palette, laquelle fait descendre le verrou et dégage le bouton. La poussée de ce bouton fait pivoter la pièce mobile autour de son axe, et la fixe sous son crochet en relevant un second verrou par l'intermédiaire d'un ressort à boudin. Lorsque le bouton revient en arrière, ce second verrou revient se fixer dans l'encoche et l'immobilise de nouveau, de façon qu'on ne puisse plus le pousser. Il faut, pour cela, que le disque ayant été effacé, la palette abandonnée à elle-même, le verrou soit retombé, puis que, par une nouvelle mise à l'arrêt du disque, le petit verrou soit à son tour abaissé par l'action de l'électro-aimant. Grâce à cette disposition, le problème se trouve entièrement résolu, et le stationnaire ne peut rendre la voie libre pour un train qu'après l'avoir couvert par son signal avancé, et cela une seule fois; il ne peut annoncer un train au poste suivant qu'après l'avoir couvert avec son sémaphore, enfin il ne peut mettre cet appareil à l'arrêt qu'après avoir d'abord placé dans cette position son signal avancé.

L'électro-sémaphore, système Tesse-Lartigue et Prudhomme, présente d'autres particularités non moins ingénieuses. L'appareil électrique se compose essentiellement d'une manivelle portant sur son axe un doigt d'arrêt qui repose sur une butée tant qu'un levier à contrepoids n'est pas lâché par un électro qui le maintient. Sur cet axe sont disposés, en outre, un commutateur circulaire susceptible de relier deux à deux des ressorts servant à fermer le circuit sur plusieurs directions, une came pouvant relever le levier à contrepoids et une fiche agissant sur une tige prolongeant le voyant pour l'appliquer contre les faces polaires d'un électro symétrique de l'autre, c'est-à-dire renforcé quand celui-ci est affaibli et réciproquement.

Lorsque le bras sémaphorique est à l'arrêt, si un courant est envoyé dans le circuit, il fait lâcher l'armature de l'électro, libère par suite l'axe et fait retomber ce bras. En même temps, le mouvement de rotation de cet axe ferme automatiquement le commutateur et renvoie en sens contraire dans la ligne, un courant qui déclanche le voyant du poste suivant.

Pour annoncer et couvrir un train, le stationnaire du poste expéditeur met à l'arrêt le bras ou aile rouge de son sémaphore, en faisant une demi-révolution avec sa manivelle, et il envoie en même temps au poste suivant un courant qui laisse l'aile indicatrice de ce poste s'abattre horizontalement par l'effet de son contrepoids. Il reçoit alors, de là, un courant actionnant son voyant répétiteur. Lorsque le train est passé au poste suivant, le stationnaire de celui-ci abaisse, en manœuvrant sa manivelle, son aile indicatrice, et par cela même envoie au premier poste un courant qui fait retomber le bras sémaphorique rouge à *voie libre*.

L'électricien Mors a ajouté à ce dispositif des doigts de butée, placés sur les axes des manivelles, et qui ont pour but de ne permettre d'abaisser l'aile indicatrice, c'est-à-dire de rendre la voie libre au poste d'amont qu'après la mise à l'arrêt du sémaphore protégeant la section d'aval. Un commutateur, qui ne doit être manœuvré que par le chef de service, permet de suspendre momentanément cette dépendance en cas de garage du train.

Dans le cas où les postes sont très rapprochés les uns des autres, on peut substituer à la commande électrique des signaux une commande simplement mécanique qui donne lieu à moins de ratés. Sur certaines sections de la Ceinture de Paris et de la banlieue Ouest, où les postes de cantonnement ne sont distants en moyenne que de 500 à 600 mètres, chaque poste ferme derrière les trains ses signaux avancés et ne peut les rouvrir. Ce n'est que quand le train est arrivé au poste suivant que celui-ci peut, après avoir fermé ses signaux derrière lui, ouvrir le signal carré du poste précédent, et par suite rendre libre le signal avancé correspondant qui peut alors être rouvert. Ce système est le seul qui soit réellement absolu, et il est prescrit en cas de *raté*, de ne laisser pénétrer un train ou une machine dans le canton non débloqué que si l'on a reçu une demande de secours, ou si l'on a constaté *de visu* que la section est bien libre. Avec cet agencement, on peut faire circuler sur une ligne jusqu'à vingt trains par heure.

Pour assurer la sécurité du transit sur les lignes à voie unique, malgré les circonstances imprévues qui peuvent entraver la circulation, on emploie les communications télégraphiques. On recourt encore au télégraphe, en dehors des cas où il est indispensable, à l'annonce des trains facultatifs ou extraordinaires, des dédoublements, des retards, des interversions de marche, etc., et cet appareil est par suite un précieux moyen de se renseigner rapidement sur le mouvement des trains, en même temps qu'il procure un surcroît de précautions par les avis et les rappels qu'il fournit. Aussi, en raison de ces importantes fonctions, a-t-on substitué, sur presque tous les réseaux, le télégraphe Morse imprimeur au télégraphe Breguet à cadran, qui ne fournit que des indications fugitives et ne laissant aucune trace.

Pour transmettre et recevoir des indications de service, on se sert dans beaucoup de gares, de l'indicateur

Jousselin (fig. 117), sorte de télégraphe dont le nombre de signaux est limité au nombre des divisions du cadran, ordinairement douze ou vingt. Le manipulateur est le même que dans l'appareil Regnault que nous avons décrit ; en appuyant une fois, sur le bouton-poussoir, l'aiguille du cadran récepteur vient sur la division 1, en appuyant une seconde fois, elle avance encore d'une division et ainsi de suite. Il suffit donc de décider que le signal correspondant à chaque numéro aura une signification donnée, pour qu'on puisse, à l'aide de cet appareil fort simple, se communiquer des choses essentielles pour les besoins du service. Au lieu de numéros, le cadran peut porter des mentions imprimées indiquant la signification de chaque signal.

Fig. 117. — Appareil Jousselin.

Dans les grandes gares, on voit souvent de nombreux indicateurs de ce genre au milieu des voies de manœuvres ; les chefs d'équipes s'en servent pour demander aux aiguilleurs les voies sur lesquelles ils veulent engager des trains. Cet appareil est également en service dans beaucoup de petites gares ; il est installé dans la cabine sémaphorique où il y a toujours des employés en permanence. Ces gares n'étant pas en communication télégraphique permanente avec les grandes gares voisines, on peut, par exemple à l'aide du signal n° 15 les faire rentrer dans le circuit du télégraphe et communiquer ensuite avec elles à l'aide de l'appareil Morse. Si la gare n'a pas de service de nuit, on peut, en cas de nécessité urgente, faire réveiller son personnel en passant le signal 15 au stationnaire du poste sémaphorique. On voit quels services peut ainsi rendre ce petit télégraphe rudimentaire dont la manœuvre est, comme on a pu en juger des plus simplifiées.

Nous devons maintenant parler, comme rentrant dans la même catégorie d'avertisseurs électriques, les cloches adoptées par plusieurs Compagnies et qui, sur certaines lignes, font entendre des séries de coups servant à annoncer le départ d'un train dans une direction déterminée, ou encore pour transmettre des signaux sonores conventionnels. Les premières cloches électriques employées sur les chemins de fer ont été inventées par Léopolder.

Entre deux gares consécutives, on installe un certain nombre de ces cloches, actionnées simultanément par un mécanisme électrique, de telle sorte que, si la gare A envoie à la gare B le signal annonçant l'arrivée d'un train, ce signal est donné, non-seulement par la cloche installée en B, mais aussi par toutes les cloches intermédiaires. On conçoit donc que si, par suite d'une erreur ou d'un oubli, on annonce successivement entre deux gares deux trains en sens contraire et que le premier de ces trains ne soit pas passé, les deux trains seront arrêtés par les agents de la voie se trouvant à proximité des cloches intermédiaires.

Les cloches électriques fonctionnent de deux manières différentes, soit sous l'action d'un courant envoyé sur la ligne par un inducteur, soit au contraire par l'interruption d'un courant continu établi en permanence sur la ligne : ce courant induit ou cette interruption produit le déclanchement du mécanisme de la cloche. Le type du premier genre est la cloche Siemens, du second, la cloche Léopolder. Mais quel que soit le système employé, chaque émission ou chaque interruption de courant provoque un coup de cloche ; en combinant le nombre des coups et des séries de coups on forme divers signaux. Si, par exemple, on figure chaque coup de cloche par un point et l'intervalle entre deux séries par un trait, on obtient la représentation graphique de chaque signal. L'intervalle entre chaque coup de cloche consécutif est de trois secondes, et l'intervalle entre chaque groupe de coups d'environ six secondes. Voici quels sont les signaux employés sur le réseau de la Compagnie de l'Ouest.

Avis n° 1. Annonce d'un train ou d'une machine marchant dans le sens impair.

... — ... — ...

Avis n° 2. Annonce d'un train ou d'une machine marchant dans le sens pair.

.. — .. — ..

Avis n° 3. Annulation de l'avis n° 1 ou 2, suivant le cas.

... — .. — ... — .. — ...

Avis n° 4. Annonce de véhicules en dérive dans le sens impair.

... — ... — ... = ... — ... — ... = ... — ... — ...

Avis n° 5. Annonce de véhicules en dérive dans le sens pair.

.. — .. — .. = .. — .. — .. = .. — .. — ..

Avis n° 6. Signal d'alarme, nécessité d'arrêter immédiatement tout train ou machine en marche ou sur le point de partir.

....

Si les signaux transmis par les cloches électriques étaient toujours nettement entendus, ces appareils seraient certainement très précieux pour la sécurité. Malheureusement l'oreille s'habitue vite à ces sonneries se produisant chaque jours toujours aux mêmes heures ; d'autre part, le bruit extérieur peut empêcher le personnel de les entendre ou de comprendre leurs diverses significations. Pour toutes ces raisons, on peut croire que leur efficacité est discutable ; des rencontres de trains se sont produites malgré ces avertisseurs, aussi attache-t-on beaucoup moins de valeur à leurs indications qu'à celles des sémaphores.

On a fait de nombreuses recherches, dans le cours de ces dernières années, pour utiliser l'électricité, soit comme moyen direct de garantir automatiquement la sécurité, soit comme agent d'annonce automatique des trains à distance, et dans ce cas pour prévenir de son arrivée. Nous citerons quelques applications réalisées dans cet ordre d'idées.

A chaque pas, les lignes de chemins de fer sont traversées par des passages à niveau, fermés de chaque côté par des barrières qui sont manœuvrées par un gardien ou quelquefois par une gardienne. Le train est signalé par le bruit de la sonnerie tintant dans la guérite du veilleur qui s'empresse d'interrompre la circulation des piétons et des voitures, en fermant les barrières. Mais un instant d'oubli, une négligence, une distraction, une absence, la porte reste ouverte, un attelage ou un passant s'engage sur les voies, et le train qui passe les culbute et les broie en moins d'une seconde. Un nouveau malheur est arrivé !

Pour éviter le retour fréquent de ces accidents, MM. Loiseau et Leblanc ont combiné en 1879 un mécanisme fort simple, mais que les Compagnies, sans doute par raisons d'économie, n'ont pas adopté. C'est un réverbère portant sur l'une de ses faces la mention imprimée en blanc sur fond rouge : *Défense de passer*. Cette indication est, à l'état ordinaire, recouverte d'un volet en tôle qui la masque. Une pédale est disposée à deux kilomètres en avant et en arrière du passage à niveau et communique avec un contact disposé dans le circuit d'une sonnerie bruyante placée auprès de la anterne. Lorsque le train, venant de droite ou de gauche, par la voie montante ou par la voie descendante, arrive à l'endroit où la pédale est placée, près du rebord extérieur du rail, la roue de la locomotive abaisse cette pédale qui ferme le circuit de la pile. La sonnerie du passage à niveau se met alors à carillonner et déclanche en même temps le volet de tôle qui s'abat et démasque la mention *Défense de passer*. Lorsque le train a franchi le passage ainsi protégé, et où l'on est averti de son approche, il rencontre une seconde pédale qu'il abaisse comme il a fait de la première, et qui celle-là rompt le circuit et remet l'appareil en position d'attente.

Les appareils électro-automatiques de sécurité peuvent encore être avantageusement employés dans bien des circonstances, et nous citerons encore, parmi les divers systèmes qui ont reçu la sanction de la pratique, le *contre-rail isolé*, de M. de Baillehache, destiné comme le précédent à annoncer l'approche des trains soit aux gares, soit aux passages à niveau, l'appareil de déclanchement du frein, dû à Lartigue, Forest et Digney, et l'appareil de protection automatique des mêmes inventeurs.

Le contre-rail isolé est une plaque d'acier placée sur des supports isolants extérieurement au bord du rail, de telle sorte qu'elle se trouve au contact des boudins des roues. Cette plaque est reliée par un fil au pôle négatif d'une pile placée au point où l'annonce doit se faire, et dont l'autre pôle se rend à la terre après avoir traversé une sonnerie. Lorsqu'une machine ou un convoi vient à passer, les bandages établissent par les rails la communication de la plaque et de la ligne avec la terre, et, le circuit se trouvant fermé, la sonnerie se met à vibrer pendant le temps que dure chaque contact, c'est-à-dire le passage de chaque paire de roues. On pourrait donc, à la rigueur, déduire par le nombre de sons, la composition du train annoncé. Le point délicat de ce système réside dans le maintien du bon isolement du contre-rail, et l'expérience a montré qu'il pouvait être facilement obtenu. Cet appareil peut ainsi rendre de bons services pour annoncer l'approche des trains partout où cette indication est utile.

Dans le but de suppléer aux ordres transmis aux mécaniciens par les signaux et parer à un instant d'inattention de ces employés, la Compagnie du Nord a appliqué, à certains signaux avancés, l'appareil de déclanchement automatique perfectionné par Delebecque et Bandérali.

Quand le signal est à l'arrêt, un commutateur ferme le circuit d'une pile dont le pôle négatif est à la terre et le pôle positif relié à un contact fixe appelé *crocodile* placé sur la voie. Tant que le disque est effacé et à voie libre, le circuit est ouvert, et le crocodile ne peut donner passage à aucun courant. Si le signal est au contraire à l'arrêt et que, malgré cette indication, un train vient à le dépasser, une brosse métallique fixée sur la machine entre en contact avec le crocodile et transmet le courant à un électro-aimant de Hughes, puis à la terre par la masse de la locomotive. Le courant désarme l'électro-aimant, et la palette servant d'armature étant rappelée par l'effet du ressort antagoniste, ouvre la valve d'admission, de la vapeur dans l'éjecteur du frein à vide, de telle sorte que le train s'arrête de lui-même, dans le cas où le mécanicien inattentif, ou empêché par le brouillard, n'a pas obéi au signal.

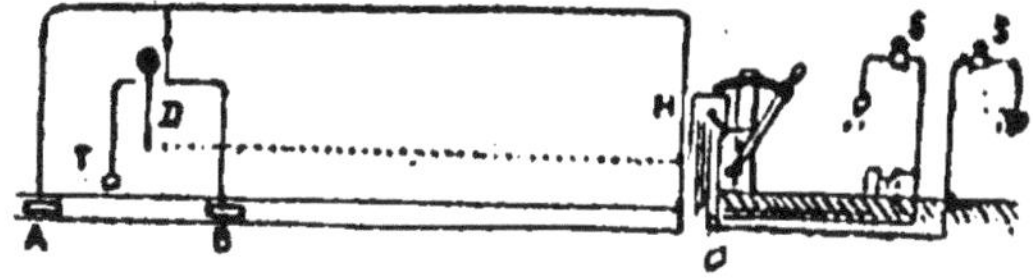

Fig. 118. — Disposition du crocodile.

Les mêmes inventeurs ont imaginé un autre appareil, basé sur le même principe, et ayant pour but de permettre à un train de se couvrir lui-même par le signal avancé d'une gare, tout en annonçant à cette gare sa prochaine arrivée.

Un crocodile auxiliaire est disposé sur la voie, entre le signal et la gare. Il est relié au pôle négatif d'une pile 1, dont le pôle négatif est à la terre, de manière à n'actionner l'électro-aimant établi sur la machine, que pour retenir davantage la palette reliée au frein. Lorsque la brosse vient à rencontrer le crocodile auxiliaire, le circuit se ferme et agit sur un commutateur placé à la gare, et qui, par sa rotation, met à la terre le pôle négatif d'une pile 2, tandis que le pôle positif vient en communication avec la sonnerie d'annonce, en même temps qu'avec le crocodile principal, placé en arrière de l'autre. De cette façon, si un autre train survenait sur la même voie, malgré les indications du block system, son frein serait déclanché automatiquement en arrivant sur ce crocodile.

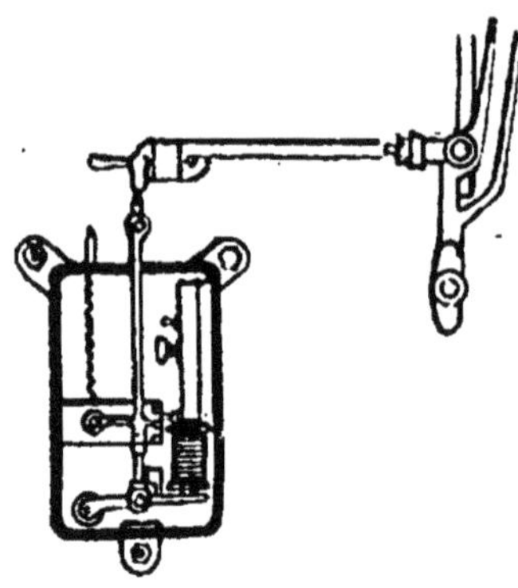

Fig. 119. — Déclanchement électrique.

Ces différents appareils sont très simples et fonctionnent le plus souvent d'une manière satisfaisante; toutefois, comme tout ce qui est créé par les mains humaines, ils sont sujets à des arrêts, à des ratés impossibles à prévoir et à empêcher, quelque soin qu'on y attache. Or il est à craindre que le personnel se fiant trop absolument à leur action continuelle, se désintéresse des autres mesures de sécurité qu'il est chargé de prendre de telle sorte que, dans le cas où l'appareil automatique viendrait à manquer, tout manquerait à la fois, et la circulation des trains serait laissée au hasard. C'est ce motif qui empêche les Compagnies d'utiliser universellement, et dans toutes les circonstances, les appareils automatiques, afin de tenir toujours en éveil l'attention des agents chargés d'assurer la sécurité du mouvement des trains.

Deux nouveaux moyens d'intercommunication sont venus combler cette lacune et, lorsqu'ils seront appliqués d'une façon générale à bord de tous les convois, les dangers de collision et autres accidents du même genre diminueront dans une forte proportion. Nous voulons parler du téléphone et de la télégraphie par ondes électriques.

Pour maintenir constamment les trains en rapport, pendant leur marche, avec les gares voisines et même les autres trains les précédant ou les suivant, il suffit, dans le cas du téléphone, de réserver le long de la ligne de chemin de fer, sur les poteaux supportant les fils télégraphiques, deux conducteurs nus reliés à un poste téléphonique disposé dans chaque gare. Dans le fourgon de queue de chaque train est déposé un poste complet avec sa pile, et il suffit, pour mettre un train arrêté en pleine voie en relation avec la gare la plus voisine, d'accrocher, à l'aide d'une perche, un cordon souple à deux conducteurs, terminés chacun par une pince métallique, aux fils nus courant le long de la voie. La connexion établie de cette façon, le chef de train peut téléphoner au chef de gare et lui faire connaître ce qui a motivé l'arrêt, réclamer du secours, etc.

Avec la télégraphie sans fil, les trains eux-mêmes peuvent rester en communication les uns avec les autres et avec les points de la ligne munis de récepteurs, à la condition de posséder un transmetteur d'ondes et un manipulateur permettant de lancer les signaux conventionnels servant à l'échange des idées.

Mais ces applications ne sont pas encore entrées dans

le domaine de l'application pratique, et la seule intercommunication existant à bord des trains de voyageurs, pour permettre à ceux-ci d'appeler l'attention des employés séjournant dans les fourgons à bagages, est la sonnette d'alarme, qui peut être manœuvrée de n'importe quel compartiment ou wagon.

Ce signal d'alarme se compose de sonnettes placées, l'une dans le fourgon de tête, derrière la locomotive, l'autre dans le fourgon de queue, et possédant chacune sa pile. Des circuits à double fil aboutissent au bouton de chaque compartiment, et sont reliés par des raccords de wagon en wagon. Mais comme les pôles de même nom sont fixés au même conducteur, les courants qui traversent les circuits s'annulent, et les sonnettes ne résonnent que si l'on interrompt l'un des circuits en tirant l'un des boutons d'appel. En même temps, un voyant blanc apparaît au-dessus du compartiment et indique aux employés à quel wagon il faut courir pour porter secours au voyageur... ou dresser procès-verbal au délinquant si le motif est jugé insuffisant. Ajoutons que ces sonnettes n'empruntent le concours de l'électricité que sur certains réseaux; sur plusieurs lignes, le tirage du bouton agit sur le frein à air comprimé qui cale les roues, ce qui avertit forcément le personnel du train.

CHAPITRE VIII

LES SIGNAUX DE MARINE ET DE GUERRE

Pour les besoins de la guerre, sur terre comme sur mer, on a fait appel à toutes les ressources de la science, et les nations se sont formidablement outillées pour s'anéantir plus facilement les unes les autres. Les preuves de la puissance terrifiante de ces nouveaux engins de mort ont été fournies avec abondance lors de la guerre russo-japonaise ; sur terre comme sur mer, les deux adversaires se sont administré des horions terribles, et finalement la victoire est restée à celui qui avait su tirer le meilleur parti des ressources que la science moderne mettait à sa disposition.

Au premier rang des impérieuses nécessités résultant d'une lutte à outrance se place la transmission des ordres, depuis le cerveau qui décide des mouvements à exécuter jusqu'à l'extrémité des membres qui les accomplissent, depuis le généralissime ou l'amiralissime jusqu'aux dernières escouades composant les unités agissantes. On conçoit qu'il a fallu s'ingénier à rendre cette transmission d'ordres et d'indications de toute espèce aussi sûre et aussi certaine que possible, pour coordonner les mouvements de ces masses que sont les armées et les escadres actuelles, et qu'en pareille occurrence l'électricité était une aide précieuse. C'est pourquoi, et concurremment avec la cavalerie, les pigeons-messagers, et autres porteurs de dépêches, on a fait appel au télégraphe, au téléphone et à tous les moyens connus pour communiquer de loin entre les divers éléments de la troupe en campagne.

Heureusement la guerre devient un phénomène de plus en plus rare, tout au moins entre les peuples voisins, que les moyens de locomotion perfectionnés mettent constamment en rapport, ce qui leur apprend à mieux se connaître et à s'estimer réciproquement, et, bien que les armements s'accroissent tous les jours, la paix est le régime habituel. Aussi utilise-t-on, pour nombre de besoins journaliers, ces puissants moyens de communication, autant pour se familiariser avec leur usage que pour en tirer un bénéfice pratique. De même quantité de choses d'emploi journalier se transformeraient au jour de la lutte en engins meurtriers, et d'outils pacifiques deviendraient des armes redoutables.

Fig. 120. — Appareil optique d'un phare.

Mais, pour l'instant, nous n'avons à nous occuper que de la question des signaux maritimes ou terrestres employés en temps de paix comme en temps de guerre, sans nous attarder à ces graves considérations.

L'un des genres de signaux les plus utiles pour la navigation est ce que l'on appelle les phares, ces constructions élevées en forme de tour, supportant à leur sommet une lumière, dont la coloration et le rythme indique aux navires le point exact de la côte en face duquel ils se trouvent.

Les phares ont par conséquent pour but d'apprendre aux capitaines de bâtiments arrivant du large, leur situation, et pour qu'il ne soit pas possible de les confondre les uns avec les autres, on a diversifié la lumière qu'ils projettent au loin. Suivant le cas, ils émettent des rayons blancs ou colorés, immobiles et éclairant tout l'horizon, ou scintillant par saccades suivant un rythme déterminé. Les côtes de France sont protégées ainsi par 425 phares faciles à distinguer les uns des autres par l'aspect de leur lumière, le nombre d'éclats par minute qu'ils donnent, et leur portée lumineuse.

La portée, qui varie avec l'ordre auquel le phare appartient, dépend de l'intensité du foyer éclairant et de l'élévation de ce foyer au-dessus du niveau de la mer. Elle atteint 54 kilomètres pour les phares de premier ordre, ou de grand atterrage ; ils préviennent donc à bonne distance de l'approche d'une côte. Leurs feux sont blancs s'ils sont fixes ; à éclats, ils peuvent être colorés.

Les feux de deuxième ordre ont une portée moyenne de 37 kilomètres ; ils signalent les écueils, les bancs de rochers, les caps secondaires, et complètent les renseignements fournis par les premiers. Ceux de troisième ordre, visibles à 25 kilomètres, annoncent les estuaires et entrées de rades ; enfin ceux de quatrième ordre sont les feux des ports et des jetées ; ils ne portent qu'à 4 kilomètres.

C'est en Angleterre que l'électricité a été appliquée pour la première fois, en 1857, à l'éclairage d'un phare : celui de Blacknall. En France, c'est le phare sud de la

Hève qui fut le premier équipé électriquement en 1863 grâce à l'initiative de la Compagnie l'*Alliance* et de M. Léonce Raynaud de l'Administration des Phares. L'appareillage électrique, toujours en double pour parer à tout danger d'extinction et d'accident à l'un des organes du matériel, était composé de machines magnéto-électriques, types de l'*Alliance*, puis de Méritens, et qui ont été remplacées récemment par des alternateurs perfectionnés système Labour. Le courant alternatif développé par ces génératrices alimente des lampes à arc à régulateur automatique, également en double, comme les machines, et qui glissent sur de petits rails pour pénétrer à l'intérieur de l'appareil optique ; elles sont maintenues exactement au foyer par un arrêt et s'allument instantanément en venant toucher deux contacts. Un commutateur fait passer le courant de la première lampe dans la deuxième, de telle sorte que, si l'une vient à s'éteindre, l'autre prend sa place automatiquement.

Les deux phares les plus puissants de France sont ceux du cap de la Hève et d'Eckmühl, ce dernier élevé sur les rochers du Penmarc'h.

L'agencement optique des phares a fait l'objet de nombreuses études depuis le temps de Fresnel, et, de progrès en progrès, on en est arrivé aux phares à éclats et aux feux-éclairs, visibles à une distance à laquelle ne pourrait atteindre aucune source lumineuse autre que l'arc voltaïque. La principale amélioration a consisté dans la diminution du nombre de panneaux de l'appareil optique, ce qui a permis d'augmenter proportionnellement l'intensité lumineuse de chaque éclat, puisque l'intensité totale se trouve alors répartie en moins de fractions.

C'est ainsi qu'en ramenant à quatre seulement le nombre de panneaux d'un phare, qui était de seize auparavant, on donne à chaque éclat une intensité quatre fois plus grande. On est ainsi arrivé à réduire la durée des éclats dans les feux-éclairs, au temps juste nécessaire pour que la perception intégrale de leur intensité lumineuse puisse s'effectuer par l'observateur. C'est ainsi que cette durée a été fixée par expérience, à un dixième de seconde seulement, chaque éclat étant séparé du suivant par un intervalle d'obscurité de cinq secondes. On a comparé, dans ces conditions, la source lumineuse alimentant ces feux-éclairs à un robinet donnant un débit constant, ou à un flux lumineux constant dans l'unité de temps. Le réservoir qui se remplit et se vide périodiquement à l'aide d'une soupape, c'est l'appareil optique à éclats. Plus courte sera la durée d'ouverture de la soupape, plus grande sera l'intensité du faisceau ou le débit du jet. La section de la soupape est alors comparable à celle de la lentille annulaire : plus elle est large, plus elle rassemble une forte portion du flux, mais naturellement plus aussi l'intervalle qui sépare deux éclats consécutifs est grand, puisqu'il faut laisser au réservoir le temps de se remplir à nouveau.

Un perfectionnement non moins important a été adopté par l'Administration des Phares, et il est appliqué à tous les appareils que l'on est obligé de modifier. Cette combinaison consiste à réunir côte à côte deux appareils optiques à quatre lentilles, les axes parallèles deux à deux ; l'ensemble tourne alors autour d'un sommet commun. Il résulte de la juxtaposition des faisceaux lumineux, que l'on double ainsi l'intensité fournie par une seule lentille et l'ensemble se compose de six éléments dioptriques et de dix éléments catadioptriques, alors que les anciens modèles ne comportent que cinq éléments dioptriques. Cet appareil se prête à diverses combinaisons de signaux, mais sa construction exige de très grands soins et une précision absolue dans le montage des lentilles.

En ce qui concerne l'agencement du mécanisme au sommet de la tour du phare, l'ensemble de l'appareil optique, qui pèse souvent plusieurs tonnes, est monté sur une plate-forme tournant sur le même arbre auquel est fixé un tambour plongeant dans un bain de mercure, ce qui réduit les frottements au minimum et rend inutile l'emploi de galets de roulement. Le roulement de rotation est imprimé par un simple mouvement d'horlogerie à poids ou quelquefois par un moteur électrique, comme dans certains phares installés par MM. Barbier et Bénard. Dans ce cas, les enroulements constituant l'induit du moteur, sont directement appliqués sur l'arbre de rotation de l'appareil ; à une révolution du moteur correspond donc une révolution de l'ensemble optique. L'intensité de courant nécessaire pour communiquer au moteur une vitesse de 6 tours à la minute ne dépasse pas 50 milliampères sous une tension de 3 volts, le courant étant fourni par une batterie de quatre éléments de pile du type à liquide immobilisé et à chlorure d'ammonium, installée dans le support ; un régulateur de vitesse à friction actionné par un petit volant calé sur l'arbre de l'induit assure la régularité du mouvement. Ce dispositif peut fonctionner sans aucune surveillance pendant deux ou trois mois de suite, aussi convient-il spécialement aux phares à éclats que leur situation isolée sur des rochers, à l'extrémité de longues jetées, rend inaccessibles pendant les gros temps, lesquels durent quelquefois fort longtemps.

Si nous revenons au phare de Penmarch, l'un des mieux outillés qui aient été établis, nous dirons que la puissance de son foyer est réellement prodigieuse, grâce à la disposition donnée au système optique que nous avons expliquée plus haut. Une intensité de courant de 50 ampères à chaque foyer de l'appareil optique double, donne un total de lumière équivalant à 3.600.000 carcels, alors qu'un appareil à foyer unique consommant cette intensité de 100 ampères ne fournirait que 2.300.000 carcels seulement. Le maximum de lumière projetée par l'arc correspond à plus de 40 millions de bougies décimales ! En marche normale, avec un courant de 25 ampères sur chaque lampe et des charbons de 10 millimètres de diamètre, le flux lumineux est de 23.000.000 de bougies. Pour atteindre ce même résultat, le phare de la Hève, qui possède un matériel moins perfectionné, emploie des charbons de 25 millimètres et dépense une intensité quadruple de courant : 100 ampères, sous la même tension moyenne de 45 volts.

Quant à la visibilité, elle peut arriver à 60 milles (112 kilomètres) par temps clair, pour être réduite à la moitié par temps sombre, et au dixième avec un brouillard intense. Mais c'est encore beaucoup quand on songe que les anciens feux les plus puissants devenaient absolument inutiles dès que la brume enveloppait un peu épaisse les côtes inhospitalières contre lesquelles venaient se briser corps et biens les navires entraînés et désorientés par la tempête.

Voici, pour terminer sur ce sujet, la liste avec leur

hauteur et leur portée des 13 phares électriques qui, parmi les 75 autres phares de premier ordre, sont disséminés sur les côtes de France.

Noms des phares	Date de la mise en service	Hauteur de la tour	Portée lumineuse	Portée géographique
—	—	—	—	—
Dunkerque	1885	57 mètres	38 milles	22 milles
Calais	1883	51 —	38 —	21 —
Gris-Nez	1885	21 —	36 —	23 —
La Canche	1896	52 —	60 —	25 —
La Hève	1893	20 —	51 —	27 —
Barfleur	1893	71 —	50 —	23 —
Ouessant.	1888	47 —	50 —	23 —
Penmarch.	1897	63 —	61 —	25 —
Belle-Ile	1890	46 —	54 —	24 —
Ile d'Yeu.	1895	50 —	60 —	21 —
Ile de Ré (les Baleines)	1882	43 —	46 —	20 —
La Coubre	1895	53 —	61 —	22 —
Planier	1881	59 —	60 —	22 —

Le plus puissant phare du monde sera celui de l'île Staten (New-York), car il comportera un appareil lenticulaire à deux panneaux seulement donnant une intensité lumineuse correspondant à quatre-vingt-dix millions de bougies ! Les deux lentilles centrales mesurent 2 m. 75 de diamètre.

Les phares sont des signaux lumineux indiquant aux marins l'approche de la terre et les diverses configurations du rivages. Ils sont souvent complétés par des signaux sonores, produits par des trompettes ou sirènes à air comprimé ou à vapeur faisant entendre un son rauque et strident perceptible à une grande distance. Ces sirènes mugissent sans interruption lorsque le temps est sombre, la brume épaisse et que les feux de l'électricité ne peuvent percer le rideau des brouillards. Le pavillon de la trompe est articulé sur un pivot, de façon à pouvoir parcourir la moitié de l'horizon.

Pour compléter les avertissements fournis par les phares de grand atterrage et signaler certains points dangereux des côtes, on utilise, en certains endroits où l'on ne pourrait que difficilement élever des constructions, des bateaux solidement ancrés et portant un mât

Fig. 121. — Appareil électrogène pour éclairage des bateaux-phares.

élevé, au sommet duquel est installé un fanal. L'éclairage des bateaux-phares les plus récents est assuré par des lampes à arc ou à incandescence de 100 bougies, alimentées par des groupes électrogènes (fig. 121) placés à bord de ces bateaux. Il en est de même pour les bouées chargées d'indiquer l'entrée des passes et des ports, ou disposées dans le chenal, mais alors ces fanaux électriques reçoivent le courant qui leur est nécessaire d'une usine génératrice organisée en terre ferme et qui le leur fait parvenir par des câbles sous-marins immergés au fond de la passe ou du chenal.

C'est la disposition qui a été realisée pour l'éclairage du canal Gedney, passage étroit qui ne présente qu'une ouverture de 300 mètres à peine pour laisser arriver dans le port de New-York les grands transatlantiques.

L'illumination de ce passage permet aux bâtiments arrivant de la pleine mer l'accès du port à tout moment de la nuit, et leur procure une avance pouvant atteindre douze heures, avantage considérable lorsqu'il s'agit de navires longs courriers mettant les continents les plus éloignés en relation. Les bouées, rangées de chaque côté du canal comme les réverbères dans les rues, sont munies de lampes de couleur rouge à bâbord et blanches à tribord ; ce sont des mâts de 18 mètres de hauteur maintenus dans la position verticale par une masse de fonte hémisphérique pesant 2000 kilos, reposant sur le fond et à laquelle le mât est retenu au pied par un anneau de suspension. L'intensité de la lumière projetée par les lampes de couleur blanche est telle que celles-ci sont visibles à 10 milles, distance réduite de moitié pour les lampes rouges. Ces foyers consomment 500 watts et donnent un peu plus de 100 bougies; ils sont alimentés par une station génératrice située sur la dune de Sandy-Hook, à 900 mètres du rivage, auprès du phare électrique de Hook Beacon. Les câbles sous-marins amenant le courant suivent le canal sur toute sa longueur, et sur leur trajet sont intercalées des boîtes de jonction d'où partent les câbles de dérivation alimentant trois par trois les bouées lumineuses. Mais l'expérience ayant montré que ce genre de montage était sujet à de fréquents accidents, on a adopté par la suite les courants alternatifs à haute tension, chaque bouée étant pourvue d'un petit transformateur particulier pour ramener au voltage convenable le courant alimentant le foyer. On a obtenu ainsi un fonctionnement satisfaisant, et les réparations sont plus rares.

Toujours dans le but de parer à l'insuffisance des signaux lumineux en cas de brume, on a pensé à leur adjoindre des signaux phoniques supplémentaires, tels que les sifflets, trompes et sirènes à vapeur et enfin les bouées à cloches actionnées soit par le mouvement des vagues, ou, ce qui est beaucoup plus sûr, par l'électricité envoyée du rivage. Ces bouées remplissent donc le rôle des cloches électriques Léopolder ou Siemens employées sur les lignes de chemins de fer et dont nous avons parlé dans le précédent chapitre. Le battant de ces cloches frappe des séries de coups espacés l'un de l'autre par des intervalles de temps réguliers, de même que les éclats lumineux ces phares se présentent par groupes déterminés au regard du navigateur, et ces sons annoncent aux marins la proximité de la terre invisible dans le brouillard.

Trois bouées à cloche basées sur ce principe sont installées à l'entrée du port de Boston, aux États-Unis, entrée semée d'obstacles divers. Ces bouées se trouvent éloignées de 1, 2 et 5 kilomètres de la station génératrice installée dans l'île de Castle. L'énergie est empruntée au circuit d'éclairage de cette île ; c'est du courant à 500 volts alimentant une distribution de lumière à arc. A chacune des trois bouées, aboutit un câble à trois conducteurs présentant une résistance d'isolement de

800 megohms par mille, et recouvert d'une double enveloppe de jute avec armature d'acier. La cloche, d'un poids de 45 kilos, est suspendue à une attache à la Cardan entre quatre barres de fer surmontant la bouée ; le marteau, pesant 1 kilog., est actionné par l'intermédiaire d'un levier et d'une fourchette dès que le courant passe dans les spires d'un solénoïde et que celui-ci attire son armature. Un ressort antagoniste provoque le rebondissement du marteau. Les signaux sont envoyés automatiquement de la station électrique par le jeu d'un interrupteur à cylindre actionné par un petit moteur électrique de 1/8e de cheval, dont la vitesse de rotation est ramenée par des engrenages, de 1500 à 1 tour par minute. Ce moteur actionne en même temps le cylindre d'un chronographe sur lequel une plume commandée par un petit électro-aimant, inscrit autant de traits que la cloche a frappé de coups. On a ainsi, non seulement la vérification du bon fonctionnement de ce signal sonore, mais encore le relevé du nombre de coups frappés en un temps déterminé, ce qui peut avoir son utilité. De cette façon chaque fois que l'interrupteur émet un courant, celui-ci excite le solénoïde à l'arrivée à la bouée; le marteau frappe la cloche, le commutateur fonctionne et ferme le circuit sur l'électro de l'enregistreur qui inscrit le coup frappé ; le courant nécessaire pour ces diverses opérations a une intensité de 1 ampère et demi.

L'organisation électrique des côtes se complète par les sémaphores, qui peuvent s'apercevoir en bien des points, au sommet des falaises élevées et non loin des phares auxquels ces appareils peuvent, dans certaines circonstances, prêter secours. Les sémaphores sont des appareils de télégraphie aérienne ayant pour but de mettre en communication les bâtiments de guerre ou de commerce qui passent en vue avec les autorités maritimes, aussi sont-ils reliés par des lignes aériennes au service télégraphique général. Ils peuvent aussi échanger avec les navires des dépêches d'ordre privé. A côté de chaque poste se dresse un mât élevé, gréé d'une vergue et d'une corne, qui lui permettent de hisser les pavillons de signaux du code international ou de convention secrète.

Le mât sémaphorique peut tourner sur sa base, et il porte un disque et trois ailes se mouvant dans le même plan. Suivant les positions données à ces pièces, on peut signaler les 342 premiers nombres d'un système de correspondance particulier ; en groupant ces positions de trois façons différentes, on obtient les 1026 signaux formant le total de la langue sémaphorique.

Tous ces moyens de correspondance et d'avertissement, quoique spéciaux à la marine, se rencontrent le long des côtes et en terre ferme. Sur les navires eux-mêmes, qui courent les océans, on trouve de nombreuses applications de l'électricité, mais différentes de celles étudiées jusqu'à présent.

Les signaux servent à transmettre les ordres ou communications qu'exige la navigation. La marine de guerre a ses signaux spéciaux de jour et de nuit et de grande distance, dont la signification est familière aux officiers. Comme tous les navires modernes possèdent des dynamos et des circuits électriques serpentant à tous les étages, ils utilisent, pour les signaux de nuit, des chapelets de lampes à incandescence, agencés par séries de quatre à huit lampes alternativement blanches et rouges, et qui sont suspendues à un petit mâtereau au-dessus des tourelles blindées surmontant les mâts militaires à bord des cuirassés. Ces chapelets de lampes permettent de correspondre, la nuit, entre les diverses unités d'une même escadre, à envoyer des ordres, demander du secours, aviser de l'approche de l'ennemi.

Sur le pont du navire, dans un kiosque, se trouve un combinateur spécial appelé *combinateur*, relié d'une part avec les groupes de lampes, et d'autre part avec un circuit d'éclairage du bord. La manœuvre de ce combinateur permet d'allumer telle ou telle série de lampes, de les éteindre, de les grouper de manière à former des combinaisons de signaux correspondant à des phrases réunies dans un code ou livre que le commandant de chaque bâtiment possède, et dont on peut changer la clef en temps de guerre. Au moyen de fiches que l'on enfonce dans les quinze trous de cet appareil, on met dans le circuit les lampes que l'on veut allumer, et dont les numéros, groupés dans un certain ordre, forment le signal voulu.

L'intensité lumineuse des lampes à incandescence étant assez faible, les signaux qu'elles fournissent ne seraient pas perceptibles à grande distance. Il faut donc recourir dans ce cas à une source d'éclairage plus puissante, surtout lorsqu'on veut télégraphier au loin, à l'aide d'occultations et de projections suivant le rythme de la télégraphie optique. La marine possède dans ce but un appareil très énergique, dardant un rayon de lumière juste sur le point suspect dont on veut élucider la nature, ou servant aux usages d'intercommunication que nous venons d'énoncer. On donne à cet appareil le nom de *projecteur*, et un grand navire cuirassé en possède toujours un certain nombre, distribués dans les tourelles des mâts militaires à côté des canons-revolvers, sur la passerelle à l'avant, sur la dunette à l'arrière, dans les sabords en-dessous des grosses pièces d'artillerie pour éclairer le but à frapper.

Un projecteur est composé d'un tambour métallique renfermant une lampe à arc de grande puissance, et un miroir aplanétique concentrant les rayons pour les diriger en un faisceau parallèle très étoffé suivant l'axe du tambour. Il peut être manœuvré à la main, de façon à être pointé dans toutes les directions ou commandé à distance par le jeu d'un commutateur agissant sur deux petits moteurs électriques placés dans le socle. On peut exécuter ainsi, de l'intérieur des tourelles blindées, tous les mouvements voulus par le seul jeu de l'électricité.

Le téléphone, lui aussi, peut rendre de signalés services à l'art de la navigation, pour le service des électro-sémaphores, des navires mouillés en rade et des forts isolés en mer. Les essais tentés entre la préfecture maritime de Cherbourg, les sémaphores et les forts de la digue, ont fait ressortir les avantages qu'il y aurait à munir ces postes du téléphone qui assure une communication facile entre les bâtiments d'une escadre et la terre ou entre ces navires eux-mêmes. En mouillant de petits câbles qui viendraient à la surface de la mer le long des chaînes des corps morts et aboutiraient aux bouées ou coffres disposés en permanence dans la rade, les navires de guerre en s'amarrant se mettraient de cette manière en relation avec la préfecture maritime, et en mouillant temporairement des câbles légers d'un bâtiment à l'autre, l'amiral entrerait en communication intime avec tous les bâtiments de son escadre.

On a essayé l'application du téléphone à bord des navires pour la transmission des ordres, mais le bruit qui existe toujours sur un bâtiment empêche d'entendre, et les résultats ont été négatifs.

C'est surtout pour les torpilles sous-marines que l'usage du microphone peut rendre des services. Il peut encore être très utile pour la mise à feu des torpilles, lorsqu'il s'agit de connaître la position exacte du navire ennemi d'après deux visées faites en deux points différents de la côte.

D'un autre côté M. Trève a montré qu'on pouvait encore employer avec avantage le téléphone pour relier télégraphiquement des navires marchant à la remorque l'un de l'autre, et M. des Portes en a fait une très heureuse application pour les recherches que l'on est souvent appelé à faire au fond de la mer à l'aide du scaphandre. Dans ce cas, on remplace une glace du casque par une plaque en cuivre dans laquelle est enchâssé le téléphone, ce qui fait que le scaphandrier n'a qu'un léger mouvement de tête à faire, soit pour recevoir des communications de l'extérieur, soit pour en adresser. Avec ce système, on peut visiter les carènes des navires et rendre compte de tout ce que l'on voit, sans qu'il soit besoin de ramener les scaphandriers hors de l'eau, comme on était obligé de le faire jusque-là.

Mentionnons encore, avant d'en terminer avec les choses de la marine, l'avertisseur électrique imaginé par le capitaine anglais M. Evoy, pour signaler l'approche d'un navire dès que celui-ci se trouve à un mille de distance du point où l'appareil est placé. L'appareil a reçu le nom d'hydrophone, comme celui d'un appareil basé sur le même principe et qui a été imaginé et expérimenté à Paris et à Brest par le capitaine de frégate Banaré, chef du service des instructions nautiques à Paris. Voici la description qu'en donne la *Nature:* il se compose de deux parties : l'une, qui doit être placée sous l'eau à une profondeur de 9 mètres, à 8 mètres en dehors de la ligne des torpilles fixes mouillées à l'entrée des ports et des rades ; l'autre, qui est établie sur le rivage à une distance qui peut aller jusqu'à 5 milles de la première. La partie submergée est une cloche en fer, du poids de 154 kilogrammes, et qui a 51 centimètres de hauteur, 51 centimètres également de diamètre à sa base et 19 millimètres d'épaisseur. A sa partie supérieure, elle supporte une feuille d'ébonite avec des couches de charbon dans une caisse en cuivre ; le tout forme un oscillateur sensitif qui est isolé dans l'eau par une cloche à plongeur. La sensibilité de cet appareil est telle qu'il perçoit les oscillations de l'eau produites par les propulseurs des navires à un mille de distance pour les grands navires et à un demi-mille pour les torpilleurs.

Les vibrations de l'appareil sont transmises au poste établi sur la côte par un fil électrique qui se rattache à un autre appareil appelé kinésicope et ressemblant à un galvanomètre. Les vibrations de l'appareil immergé sont manifestées par une aiguille qui tourne sur un cercle gradué ayant un aimant à un point déterminé. Quand les vibrations sont fortes, l'aiguille touche l'aimant qui alors fait fonctionner une sonnerie. Le courant électrique produit peut être utilisé pour faire des signaux électriques. Les expériences faites en Angleterre ont été satisfaisantes et l'on estime que cet appareil sera très utile pour déterminer exactement le moment auquel il faudra faire exploser les torpilles sous-marines en cas d'attaque de nuit.

En ce qui concerne les applications en usage dans les armées de terre, l'électricité est employée pour les transmissions télégraphiques et téléphoniques, ainsi que pour la mise de feu des mines souterraines à distance. Des troupes spéciales, appartenant à l'arme du génie, sont affectées à ces services particuliers de première importance. On utilise, pour la télégraphie militaire des postes portatifs à appareil Morse imprimeur, et le fil conducteur, transporté roulé sur une bobine portée à dos d'homme, est accroché sur les arbres, les buissons ou, en pleine campagne, simplement dévidé sur le sol. Un pôle de la pile, à chaque poste, est mis à la terre, et les communications peuvent être échangées sans difficulté. Lorsque les troupes ainsi mises en rapport changent d'emplacement, le fil est relevé et roulé sur sa bobine pour servir de nouveau à la prochaine occasion. De cette façon, le télégraphe fonctionne constamment, tout en étendant ses ramifications toujours plus loin, à mesure que s'avancent ou se dispersent les armées.

Pour les plus courtes distances, on utilise plutôt le téléphone, et il existe plusieurs modèles de postes microtéléphoniques portatifs très bien combinés. Le poste Berthon, entre autres, fonctionne aussitôt qu'on déboucle le sac qui le contient, pendant qu'un autre soldat qui porte le dérouleur, s'éloigne jusqu'à la distance voulue. Une prise de terre est établie instantanément à l'aide de la canne à pointe d'acier que le téléphoniste tient à la main et qu'il enfonce dans le sol pour fermer le circuit.

D'autre part, il faut reconnaître que le téléphone est un instrument utile dans les écoles de tir et sur les polygones d'artillerie. Avec la grande portée qu'ont aujourd'hui les armes à feu, il devenait nécessaire pour juger de la justesse du tir d'être prévenu télégraphiquement de la position des points frappés des cibles, et on avait même imaginé pour cela des câbles télégraphiques ; mais le téléphone est bien préférable, et on l'emploie aujourd'hui avec un grand succès.

Si le téléphone présente certains inconvénients pour le service de la télégraphie volante en campagne, en revanche il peut être d'un grand secours pour la défense des places, pour la transmission des ordres du commandant aux différentes batteries et même pour l'échange des correspondances avec des ballons captifs lancés au-dessus des champs de bataille.

Malgré les difficultés de l'emploi à l'armée, des essais ont été tentés par les Russes à la dernière guerre; le câble des fils de communication était assez léger pour être posé par un seul homme et avait de 4 à 500 mètres. « Le mauvais temps, dit le *Telegraphic Journal*, ne troubla pas le fonctionnement des appareils ; mais le bruit empêchait d'entendre, et on était obligé de se couvrir la tête avec le capuchon d'un grand manteau pour intercepter les sons extérieurs. » Les résultats n'ont donc pas été absolument satisfaisants. Toutefois, le téléphone peut rendre à l'armée de grands services en permettant d'intercepter au passage les dépêches de l'ennemi : ainsi un homme résolu, muni d'un téléphone de poche, peut, en se plaçant dans un endroit écarté, établir des dérivations entre le fil télégraphique de l'ennemi et son téléphone et saisir parfaitement toutes les dépêches transmises.

La lumière électrique peut rendre les plus grands services à l'art militaire ; elle donne le moyen d'éclairer à grande distance les mouvements de l'ennemi et elle indique à l'artillerie les points à battre et à couvrir de projectiles. Pour ces usages, on a recours aux projecteurs Mangin à miroir aplanétique, que nous avons décrits un peu plus haut en parlant des signaux à bord des cuirassés de la flotte, et qui ont une portée de 15 à 20 kilomètres. On a même établi, en Angleterre des projecteurs de ce genre dont la lampe à arc avait une puissance de 100,000 bougies, et possédant par temps clair une portée de 28 kilomètres.

Pour mieux utiliser la lumière produite, les charbons sont inclinés de 20 degrés, et l'axe du charbon positif est de quelques millimètres en arrière du charbon négatif; de cette façon c'est la partie la plus brillante du *cratère* qui se trouve dans l'axe du réflecteur et du système optique. Au lieu de régulateur à mouvement d'horlogerie rapprochant automatiquement les charbons l'un de l'autre à mesure de leur combustion, on se sert de lampes manœuvrées à la main, ce qui permet de ramener l'appareil au maximum de simplicité.

Le tambour du projecteur est supporté par des tourillons reposant sur les bras d'une fourche à pivot montée sur un socle ou un chariot léger, servant d'affût. On peut donc, en campagne, amener ce chariot au point le plus convenable pour darder le rayon éclairant sur tous les points de l'horizon, tout en laissant à quelques centaines de mètres en arrière le générateur d'électricité. Dirigé sur les endroits suspects, le faisceau lumineux les illumine comme en plein jour et cela sans grand danger pour les soldats qui manœuvrent le projecteur, car l'expérience a démontré qu'il est très difficile de déterminer dans l'obscurité le point précis d'où part cette aveuglante lumière, et par conséquent de la supprimer par un projectile bien pointé.

Le courant nécessaire à l'alimentation du régulateur ou de la lampe à main du projecteur est produit par une dynamo actionnée par une machine à vapeur. Les ateliers Sautter-Harlé ont construit un chariot électrogène de ce genre portant une chaudière Field à l'arrière et en son milieu un moteur Brotherhood à trois cylindres, directement accouplé à une dynamo produisant, à la vitesse de 900 tours par minute du courant sous une tension de 55 ou de 70 volts. Ce système a d'ailleurs été notablement perfectionné et surtout allégé depuis l'époque de sa création, et le génie militaire possède aujourd'hui, pour le service des places et des forteresses, des groupes électrogènes robustes et puissants, montés sur chariot pouvant être attelé de deux chevaux. Enfin on a encore utilisé les voitures automobiles dans ce but : lorsque le véhicule est arrivé à l'emplacement choisi, il s'arrête, et le moteur à pétrole est embrayé sur une dynamo agencée en conséquence. Le projecteur, supporté par un trépied léger, peut être transporté à quelque distance, à droite ou à gauche, de l'auto, tout en déroulant les fils reliant la lampe à la dynamo. Les projections une fois terminées, le matériel est replié, la génératrice débrayée, et la voiture repart pour aller recommencer sur un autre point ses investigations.

On a essayé d'utiliser, pour les signaux nocturnes, les ballons captifs, soit en les éclairant d'une façon intermittente à l'aide d'un projecteur, ce qui en fait alors des espèces d'écrans aériens, soit en logeant dans leur intérieur même, une forte lampe à incandescence les illuminant par transparence. Ce dernier procédé a été expérimenté vers 1881 en France par l'aéronaute Mangin, et en 1887 par Bruce en Angleterre ; il n'a pu entrer dans la pratique des armées en raison du peu de portée de ce mode de télégraphie optique et de la complication du matériel qui exigeait une batterie de piles encombrante, un gazogène pour le gonflement du ballonnet en plus de l'appareillage télégraphique ordinaire.

Tous ces moyens de communiquer à distance, malgré les obstacles interposés entre les postes de correspondance, perdent d'ailleurs beaucoup de leur intérêt maintenant que la télégraphie par ondes électriques est devenue pratique et permet aux navires pourvus d'un transmetteur et d'une antenne, ainsi qu'aux troupes continentales outillées de même, d'échanger des messages et des signaux conventionnels à toute distance, soit avec des navires amis, soit avec d'autres corps de troupes.

Nous conclurons sur ce sujet par la constatation de l'ingéniosité déployée par les marins, les officiers de toutes armes, les savants et les inventeurs pour vaincre cet obstacle fait de rien qu'on appelle l'éloignement et échanger des idées malgré l'espace et le temps. C'est là une preuve de la puissance du génie humain, qui a su se faire une alliée de la fée Électricité pour solutionner ce difficile problème resté sans réponse jusqu'au siècle précédant celui où nous vivons.

C'est donc une nouvelle espérance pour l'avenir, et, comme nous le montrerons dans le prochain volume de cette collection : la *Transmission électrique de la*

Pensée, un acheminement vers l'époque hélas encore lointaine sans doute, où, répudiant à jamais ses antiques tendances sanguinaires, l'humanité ne songera plus à utiliser ces découvertes de la science que pour des œuvres de paix, de lumière et de progrès.

TABLE DES CHAPITRES

Pages

Mayenne. Imprimerie Ch. Colin.

www.ingramcontent.com/pod-product-compliance
Ingram Content Group UK Ltd.
Pitfield, Milton Keynes, MK11 3LW, UK
UKHW012216240726
13966UKWH00003B/802